── スルシイ10年のアルバム ──

編み子さんたち（セブの旧工房にて）

小学校を借りてのトレーニング

わからないところを教えあって

8年間お世話になった旧工房

ある日の工房にて

何がそんなにおかしいの?

バッグの素材になるラフィアの木（ボホール島にて）

木の幹を薄く裂いて、糸状に

ラフィア糸を天日に干して

つないで巻いて玉状に

誕生日会ランチ（工房にて）

取り組みが認められ、いただいた賞状と盾
（左から Elisa、関谷、Em-em）

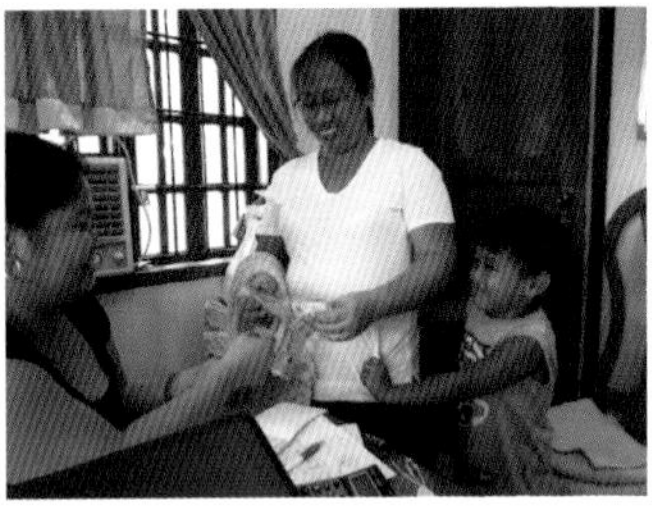

嬉しいお給料日

マニラ国連オフィスにてスピーチ

ビッグイベント ～ クリスマスパーティー

プレゼントもいっぱい

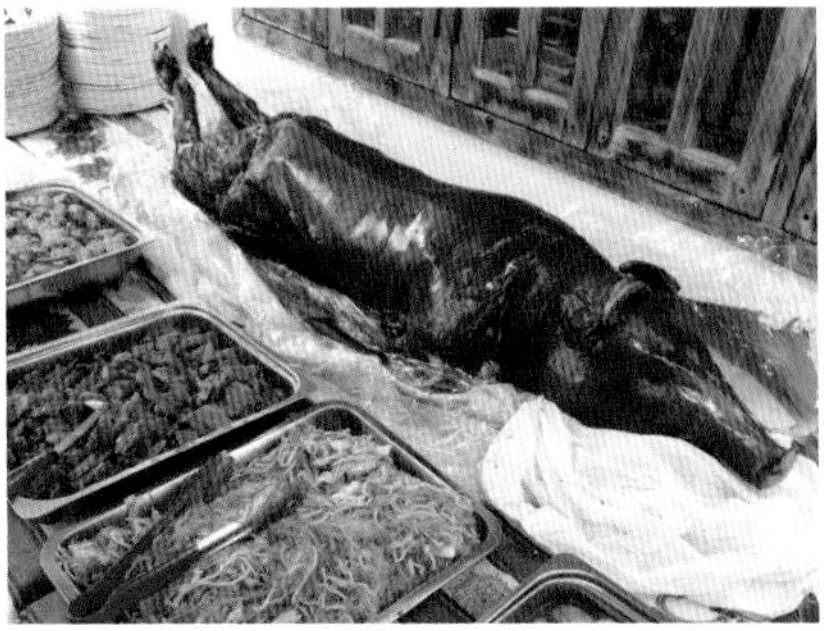

レチョンがドーンと!

編み子さんの子どもたちも踊って

ゲームも楽しみ

ビッグイベント ～ バッグコンペティション

コンペティションのコメント中

コンペティションの入賞作品

コンペティション上位入賞者

ビッグイベント ～ ファッションショー

ファッションショー後の記念撮影

自分でデザインしたバッグを持って

ランウェイでポーズを決め堂々と

バックルがアクセントのミーナバッグ

かぎ針で紡ぎ出す幸せを、
これからも。

ロングセラーのタックバッグ

編むということ

フィリピン女性たちと一緒に紡ぐ、これからも。

著者
関谷 里美

Sulci

カナリアコミュニケーションズ

はじめに

知っている人が誰もいないのに、深く考えもせずポーンと飛んでいった先はセブ島でした。

そのセブ島の小さな町に工房を構え、現地の女性たちと天然素材ラフィアでバッグ作りをして、早や10年がたちます。

10年という区切りのいいところで、自分がやってきたことを書き留めておこう。

そう思ったものの一気呵成に書き上げるとはいかず、遅れに遅れやっと出版の運びとなりました。

あっという間の10年でしたが、いざ10年を紐解きながら振り返るとすべてが懐かしく、悩んだことも、楽しかったことも、つらかったことも、嬉しかったことも、腹をたてたことも、すべてどうにかなって、スルシィの今を築けたように思います。

本のタイトルにもなった「編むということ」。
「編むということ」はなんと力強く、みんなを幸せにするのだろうか。
そして、「一緒に紡ぐ」のは、ラフィアであり、幸せであり、人生であり、これからの未来でもあります。

そんなことをこの本に書いてみました。

ビジネス書でもなく、世の中をよくする本でもなく、誰かの力になれる本でもなく、でも、あぁ、こんな生き方もあるのか、歳もあんまり関係ないんだな、と一読した後にちょっぴり元気になってくれる人がいたら、何もいうことはありません。なおかつ面白く読んでいただければ、さらに嬉しいです。

目次

第1章

原点

両親から受け継いだマインド

人生、何が起こるかわからない。とくに私の人生は計画性がなく、突拍子もない。常に「感覚的」に次の道をチョイスしてきた。

ただ、いくら感覚的に生きてきたからといって、まさか知っている人が誰もいないフィリピンで、現地の女性たちと一緒にモノ作りをすることになるとは、若い頃も前職を辞める時でさえもこれっぽっちも思わなかった。私の人生を大きく変えたのは、旅行で初めて訪れたフィリピンのセブ島だった。私はそこで突然思いついた。

「フィリピンの天然素材を使用して商品を作り、日本で販売するビジネスをしよう」

そんな降って湧いたような思いつきが、10年後の今では私の仕事、ライフワークになっている。自分のことを「変わっている」とか「人とは違う」と思ったことはないけれど、これまでの人生を振り返ってみると、やはり私にはどこか普通の人とは違う思考回路があるのかもしれない。

私は小さい頃から絵を描いたりモノ作りをしたりすることが大好きな子どもだった。何か使えそうな材料が身近にあると、そこからこんなものが作れるのではないか、と勝手に手が動いてしまう。そうして何かを器用に作ることが得意だった。

編み物もそのうちのひとつ。小学校高学年になる頃には、誰に教わるでもなく本を見てテーブルセンターなどを編んでいた。その時に編んだレース編みのテーブルセンターはどこへいってしまったのだろうか。きっと今見ても、「おぉ、きれいに編めている！」と感嘆すると思う。

そんな私の将来の夢は「デザイナー」か「ピアニスト」になることだった。半世紀以上も昔、しかも栃木県の田舎で幼少期を過ごした私が、横文字の職業に就きたいと思ったのは、両親の影響が大きい。

父は普通のサラリーマンだったが、ちょっとしたものは日曜大工で作ってしまうくらい手先が器用だった。絵を描くのも好きで、子どもの頃はよく父と一緒に近所の小高い丘に写生に出かけたものだ。とてもモダンで、母にオシャレなコートや靴をプレゼントするような人だった。もちろん、自分が着る服や靴もオシャレで、父の毎朝の日課は出勤前の靴磨き。いつも、ぴしっとしたスーツにピカピカの革靴で出勤していた父の姿を今でも鮮明に覚えている。私の手先の器用さやファッションなどへの興味は父似なのだと思う。

そして、ビジネスマインドは母の影響を大きく受けている。母は私が中学生の頃まで珠算塾を4カ所も経営していた。その後、珠算塾を辞めて会社を設立したのは私が高校生の時だ。当時では珍しかった女性社長として、多くの従業員を抱えながら会社を大きくした。

80代半ばまで現役で働いていた母は、90歳を過ぎた今でも何ごとにも興味津々で、ネガティブなことは決して言わない。私がどんな話をしても「面白そうね」と返ってくるし、いつでも応援してくれている。珠算塾を経営していただけあり暗算は得意で、3桁×2桁の計算なら電卓を使わなくても答えがパッと出てくる。私より計算が速くて正確な、恐るべき母である。

母はセーターやワンピースなどの洋服を手作りしてくれたが、とりわけ器用というわけではなく、当時のお母さんはよく子どもの服を手作りしていたように思う。セーターが小さくなれば糸をほどき、新しい毛糸を足して編み直してくれたものだ。

母の実家は東京の目黒にあった。東京の祖母の家に行った時は、必ず渋谷にある「東横」に買い物に出かけた。東横とは、2020年に解体されてしまった「東急東横店」のことだ。よそ行きの洋服はいつも東京のデパートで買ってもらっていた。

また、夏になると葉山にもよく連れていってもらった。栃木県は「海なし県」なので、海水浴といえば、母の従妹が住んでいた葉山の森戸海岸だった。その当時は葉山がどんなところかよく知らなかったが、「葉山御用邸」というワード、道を歩けばピアノの音色がどこからともなく聞こえてきて、子ども心にも葉山は特別で素敵なところ、という印象があった。

今から思えば、流行りのオシャレな洋服を着せてもらったり、葉山に連れていってもらったり、知らず知らずに幼い頃からいろいろな経験をさせてもらっていた。

器用でオシャレな父と、聡明で頭の回転が速く、自立した母。昔の人でありながら両親ともにオープンマインドで、やりたいことは何でもやらせてくれた。そんな両親の性格と子ども時代の環境が、今の自分を作ったのは間違いない。

ニットデザイナーを目指す

結局、私はピアニストの夢は諦めた。なぜなら、姉が音大に進学したからだ。私は別の道を進むことにした。もうひとつの夢だったデザイナーになりたいという思いは変わらなかったので、大学は美術大学に進学することに決めた。

入試科目であるデッサンは先生について習い、家でもよく静物画のデッサンをしていた。美大以外の大学を受けるつもりは毛頭なく、それも「女子美術大学」１本に絞っていたので、絶対に受からなければならなかった。

念願叶い、女子美術大学短期大学部・造形科に進学した私は、故郷の栃木県を離れることになった。実家は東京から近く、日帰りもできる距離だったし、母の実家が東京だったこともありよく行き来していた。そのせいか、親元を離れる寂しさも不安もなく、逆に誰からも干渉されない楽しい学生生活を謳歌する。

卒業してから半世紀近くが経つが私は今でも母校が大好きだ。初めて会った人が女子美出身と聞いただけで親近感が湧き、勝手に友だち気分になれるほどだ。

こうして、私はデザイナーになるための一歩を踏み出した。

デザイナーと一口にいっても、洋服や靴などのファッションから、インテリアや小物まで、その種類はさまざまだ。私は服飾デザイナーになりたかった。ただ、今ほどではないにしろ、当時から多くの服飾デザイナーがいた。この分野にまともに参入しても太刀打ちできそうにない。

そこで、私は「ニットデザイナーなら絶対数が少ないのではないか」と思った。昔から編み物が好きでいろいろなモノを編んでいた経験がある。そんなことを思い出していたら、なんだか懐かしくなり、「私にはニットデザイナーが向いているのではないか。そうだ、ニットデザイナーになろう」と方向性が徐々に固まってくる。

セーターやカーディガンなど、素材の糸から選び、色や形を自分で好きなように自由自在にデザインできたら楽しいだろうな。いつかパリのファッションショーで自分のデザインしたニットを羽織ったモデルがランウェイを歩く、そんな妄想にふけっては、夢をふくらませていた。

さて、ニットデザイナーになるにはどうしたらいいのだろうか？

近道として考えついたのは、ニットデザイナーのアシスタントになることだった。ファッション雑誌を買い込み、ニットデザイナーの名前を見つけては「弟子にしてください」と手紙を書いて送った。思い立ったが吉日とばかりにすぐに行動に移す性格は、この頃から変わらない。とはいえ、どんなことにも即行動に移すとは限らず、自分が不得意でやりたくないことなどは後回しになり、なかなか行動に移せない性格でもあるが。

実際、学生生活を送りながらニットデザイナーの下請けで小物などを作り、自分が作った作品が雑誌に掲載されたこともあった。デザイナーデビューとはいかないまでも、自分で編んだ作品が雑誌に掲載されているのを見た時、デザイナーになれたような嬉しさと同時に、お金を得る楽しさも味わうことができ、ニットデザイナーに一歩近づけたように感じたものだ。

ただ、当たり前とはいえ、私の名前が雑誌に掲載されるわけではない。名の通ったニットデザイナーから依頼された以上、そのイメージなりを自分でデザインして作っても、雑誌の掲載名はデザイナーの名前である。私は自分の名前で活動したかった。いや、していかなければいけないという思いを強く抱くようになった。

そこで、ニットデザイナーとして自立するには、自己流ではなく編み物の基礎やノウハウを1から学ぶ必要があると考え、美大を卒業した後、専門学校「文化服装学院ニッテイング科（現ニットデザイン科）」に進んだ。

授業では手編みや機械編みの基礎を習い、家に帰っても課題制作をこなす日々。クラスメートのほとんどは高校卒業後すぐに入学しているので年下ばかりだったが、彼女たちと一緒にワイワイと取り組む課題のモノ作りは、それなりに楽しかった。しかし、私はモノを作る側よりもデザインする側に身を置きたかった。

早速、私は行動に移した。まずは自分がデザインして編んだ服をブティックに売り込むことにしたのだ。女子美から一緒に文化服装学院に進学した友人Sさんと一緒にニットブランドを立ち上げた。

ブランド名を考え、ロゴマークも作った。毎月、Sさんとデザイン会議を開き、今月はどんなものを何点作るかを決め、手分けして各々の家で制作する。専門学校から帰ると、夜な夜なジャージャージャージャーと機械で作品を編んだ。アパートの隣人からいつ「うるさい！」とクレームを入れられるか、内心ビクビクしながらも、自分たちのブランドの服が誰かの目に留まり、着てもらえることを想像すると、大変さも隣人に対する後ろめたさも忘れて、作品作りに没頭した。そして、できあがった商品一つひとつに織りネームタグを付け、表参道や青山のブティックに営業に行く。

デザインしては、商品を作り、営業、納品に出かける、ということを繰り返していたが、手作りゆえに1カ月に作れる数はたかがしれている。ましてや、昼間は学校に通い課題をこなす日々。この形のまま続けていくべきなのか、会社として大きくしていくのなら、自分たちはデザインに集中して制作はニッターさん、もしくは工場に頼むことを考えるべきなのか、悩みながらもオリジナルブランドの洋服をデザイン・制作しては、青山などのブティックに卸す日々が続いた。

「海外で暮らしたい」――ロンドンに留学するという新たな夢

文化服装学院に入学して1年、私は相変わらず学校の課題とオリジナルブランドの制作に追われていた。しかし、ブランド商品の卸先が少しずつ増えてきた頃、一緒に活動していたSさんと、「これからは外国語がしゃべれたほうがいい。海外で活躍する時代がくるかもしれない。それなら若いうちに海外に住んでみたい」という夢を抱くようになった。

そして、あっさりと文化服装学院を1年で中退してしまった。課題制作に追われる生活が性に合わなかったこともあるが、この時は海外で生活してみたいという思いのほうが、モノ作りやデザイナーになることよりも魅力的に思えた。私は英語が話せたらこれからどんなところに住んでも困らないのではないか、という理由でイギリスのロンドンに留学することに決めた。

当時、ヨーロッパに行くにはエアーチケット代だけで往復50～60万円もかかった。専門学校を中退したばかりの身でそんな大金を捻出できるはずもなく、留学費用は親に頭を下げて出してもらうしかない。とはいえ、まずは働いてある程度の資金を貯め、「頑張ってこれだけ貯めたのでロンドンに行かせてください」という決意表明は必要だ。

私は渡英を2年後に設定する。一緒にブランドを立ち上げたSさんはパリに行くことを目標に、それぞれ仕事を見つけて働き出した。同時に、語学学校にも通い始めた。当時、私は原宿に住んでいたのだが、徒歩圏内に個人が経営している語学学校があった。

昼間は正社員として一般企業で働き、夜は知り合いのスナックでバイトをする日々が始まった。節約を重ねた結果、晴れてイギリスはロンドンに旅立つことができたのは、24歳の冬のことだ。

ＳＮＳなどない時代である。当時は国際電話の通話料も高く、日本とのやりとりはエアーメールで送る手紙のみ。両親も心配だったとは思うが、資金援助はもちろん、いつも通り反対せずに送り出してくれた。

ロンドンでは語学学校に入学。クラスメートは多国籍に富んでいた。行ったことがないのはもちろん、どのような国かもよくわからなかったので、まずは彼らの国を知ることから始まった。逆に日本のことを聞かれても、英語力以前に、自分の国について何も知らないことを痛感する。

いろいろな国の友人ができ、放課後は一緒に公園を散歩したり、お茶をしたりした。休日には電車で郊外に行ったり、蚤の市に出かけたり、友人のフラットに遊びに行ったり、私の家に招いて和食を振る舞ったりもした。本当に楽しい毎日だった。

ロンドンでも、やはり編み物はいつも私の身近にあった。どこでもごく自然に手を動かしていたように思う。ロンドンの長くて寒い冬には自分で編んだセーターを着ていた。デパートの手芸用品売り場での毛糸選びやこんなセーターを編みたいとデザインを考えるだけでワクワクする気持ちは、どの国にいても変わらない。

学校はサマーホリデーやクリスマスホリデーなど、日本の学校とは比較にならないくらい、長期の休みがあった。夏休みに日本から姉が来て、約2カ月かけてヨーロッパの国々を一緒に旅したのもいい思い出である。また、東京でニットブランドを一緒に立ち上げたSさんも同時期に渡仏していたので、彼女がロンドンへ遊びに来たり、私がパリへ行ったり、お互いに行き来することもあった。

見るもの聞くもの、すべてが新鮮で、一度もホームシックにかかることなく海外生活を謳歌することができた。今思い出しても、初めての海外生活は全部が懐かしく、素晴らしい思い出だ。

英語のほうは今ひとつ上達しなかったが、ロンドン生活で得た最大の財産は、さまざまな国の人たちと知り合えたことだ。肌の色が違っても(人種)、貧しい国の人でも(国籍)、生活環境が違っても(宗教など)、誰とでも分け隔てなく付き合える広い視野を持ち、多様な価値観を受け入れる。この時の経験が、現在の仕事にも活かされているのだと思う。先入観で人と接するのではなく、まずは話してみて、単純に気が合えば友だちになる。そうして親しくなれたら素晴らしいことだ。一度海外に出て、自分自身や、日本という国を外側から見てみるのも大切なことだと思う。

40年以上経った今でも、ロンドンで知り合ったベルギー人とギリシャ人の友人とは付き合いが続いている。日本に帰って来てからも彼女たちに会いに行ったり、彼女たちが日本に来たり、会えばすぐに当時のように盛り上がれる大切な友人だ。

私はイギリスが大好きだ。今でもイギリスを訪れるたびに変わらぬ風景にホッとし、第2の故郷へ帰ってきた懐かしさを感じる。

ロンドンから日本、そしてギリシャへ

ロンドンでの学生生活が2年になろうとしていた頃、帰国を考えるようになった。このままイギリスに滞在して、イギリスの大学で専門的なことを学ぶか、もしくはイギリスで仕事を見つけて働くか。そんな選択肢も考えなかったわけではないが、どちらもそう簡単ではなかった。私は一旦日本へ帰り、今後のことを考えることにした。

ところが、ひょんなことから、ギリシャのアテネで日本の民芸品を販売するお店をオープンしたいという未来を思い描くようになる。自分でもとんでもないことを考え始めたと思ったが、その思いは日増しに強くなっていった。

ロンドンから日本に帰国した私は、ひとまず実家に戻り、母の会社でほかの従業員と同

じように働き出すが、それはすべてギリシャへ行くための準備だった。

なぜ、ギリシャなのか。その理由は、単純にギリシャに住みたいと思ったからだ。今思い出しても、本当に子どもじみている。ロンドンの学校でクラスメートだったベルギー人（オリジンはイラン人）の親友がギリシャ人で、夏休みにクラスメートと一緒にその親友を訪ねてギリシャへ行ったのが始まりだった。

私はすっかりギリシャの虜になってしまい、毎日ギリシャに住むことばかり考える始末。カンカンと輝く太陽、どこまでも続く真っ青な空、白壁にブーゲンビリアの赤が映え、小道を歩けばどこからともなくブズキ（ギリシャの民族楽器）が奏でる音楽が聞こえてくる。観光客が大勢訪れる開放的なギリシャの島々。

私はギリシャに恋をしてしまったのだ。ここで生活したい、生活するなら自活したい、それならばアテネでビジネスをしよう。つまり、ビジネスをするのは手段であり、目的はあくまでもギリシャで暮らすことにあった。

アテネで日本の民芸品を販売するお店を開こうと思ったのには、理由がある。折り紙で作った姉様人形やおもちゃのコマ、デンデン太鼓に凧、手ぬぐい、こけし、扇子、下駄など、何を見せても「ステキ」「カワイイ」「ホシイ」とギリシャ人の友人たちには大人気だったからだ。もしかしたら、ギリシャ人はこういうモノが好きなのかもしれないと思い、日本の民芸品を売るお店の開業を真剣に考える。

本当に私の人生は思いっきで物事が進んでいく。なぜ、一瞬でも躊躇したり、「失敗したらどうしよう」と思わないのだろか。後先を考えず行動してしまう。でも、いろいろ考えた結果、何もしないよりは、まずは行動して、失敗したら、ダメだったら、やり直せばいい。やらないで後悔するよりはよほどマシだ。これは性分なので仕方がない。

こうして私は恋い焦がれていたギリシャに住むことになった。まずはアテネに行ってしまい、住みながらビジネスができる方向性を探ることにした。

しかし、数十年も前のこと、海外でのビジネスはそう簡単ではなかった。友人の知り合いの弁護士にいろいろと手を尽くしてもらったが、結局、ギリシャでのビジネスは実現しなかった。

ビジネスを興す青写真は残念ながらついえたが、せっかくギリシャに来たのだからビジネスが難しいからといってすぐに日本に帰るのはもったいない。そもそも、私の最大の目的はビジネスではなく、ギリシャで暮らすことだった。結局、私はギリシャ語の語学学校に通いながら、アテネで暮らすことに決めた。

アテネでフラットを借り、自活とはいえない生活が始まった。毎日何をするでもなく、時々友人が経営しているおもちゃ屋さんの店番を手伝ったりしながら、1年が過ぎていった。生産性のある暮らしもせずに、貯金だけで1年間も生活できたことに、今さらながら驚きだ。若かったからなのか、無知だったからなのか、自分でもよくわからないが、今はもうそんな無謀な生活はできない。

輸入商品専門の猫グッズショップ「キャットハウス」をオープン

30歳を目前に控えた頃、私はギリシャから帰国した。ロンドンからの帰国時と同様、まずは栃木の実家に身を寄せるが、そろそろ腰を据えて働かないとまずいと思い始め、就職活動をすることにした。この時点ではやりたいことも、就きたい職業もなく、ただ実家から出て東京で自活することが目標だった。

東京でアパートを借りて働き始めるが、頭の隅にはいつも「会社員ではなく、自分で何かをやってみたい」「ギリシャで叶えられなかった自分のお店を東京で持ってみたい」という思いがあった。漠然としたものではなく、きちんとした形になるまではしっかり働いて、早く東京での生活基盤を作らなければならない。

ここで、自他ともに認める猫好きについて触れておきたい。

猫の魅力を語り出したらキリがないが、一言でいえば、無条件にかわいいということだ。毎日、寝・寝・食・寝・寝の繰り返しで、生産的なことは何ひとつしない。飼い主のご機嫌をとるでもなく、お腹がすいた時に「めし～」と鳴くくらいだ。それでいて、ただ居るだけで存在感があり、毛づくろいをしていても、じゃれていても、陽なたぼっこをしていても、ただ座っていても、窓から外を見ていても、丸まって寝ていても、伸びて寝ていても、とにかく何をしていても、何もしていなくても、猫好きにとって猫はかわいく、ただただ愛すべき存在である。

猫好きのための雑誌は各国にあるが、私はアメリカの猫雑誌を定期購読しており、毎月届くのを楽しみにしていた。最後のほうのページには猫グッズが掲載されていて購入できるようになっていた。それらの猫グッズは日本で売っている子どもっぽい漫画チックなデザインではなく、大人でもほしいと思えるオシャレなモノばかりだった。

猫雑誌を見ているうちに、ある日、ひらめいたのである。「猫グッズを売るお店を開きたい」と。

この時も思い立ったらすぐ行動とばかりに動き出した。お店を始めるなら、まず商品が手元になくてはならない。そこで私がしたことは、猫雑誌に掲載されている猫グッズの中から気に入った商品を注文することだった。今のようにカード決済というシステムが存在しない時代、郵便局からの送金という面倒な手続きだったが、給料日がくるたびに少しずつ猫グッズを買い始めたのである。

日本では売っていないオシャレな猫グッズが毎月アメリカから届く。ワクワクしながら、到着を心待ちにしたものである。猫の形をしたドアストッパーや掛け時計、猫の絵がプリントされたクッションやマグカップ、ステーショナリーなど、どれもこれも大人かわいい猫グッズばかりだ。見るたびに、「こういうグッズを日本の猫好きに紹介したい」と思うようになっていった。日本には猫好きがごまんといる。絶対にビジネスになるという思いが徐々に強くなっていく。

それからというもの、アメリカから猫グッズが届くたびに、自分がお店を持った時に仕入れたいと思えるグッズがあれば、パッケージに書いてある販売元の住所に「近い将来、日本で猫好きのための猫グッズショップをオープンする予定なので、あなたの会社から仕入れをしたい。その時はよろしく」と書いた手紙を送った。

メールどころか、ファックスも一般的でなかった時代だ。ましてや公式ホームページの記載もなく、海外への連絡が瞬時にできる今とは大違いである。ネットで何でも調べられて、販売元と簡単にやりとりできる時代ではなかったので、1社1社に手紙を送って、海外の仕入れ先を開拓していった。

かといって、まだこの時点では開業資金もなく、お店を経営するためのノウハウも何もなかった。いずれ自分のお店が持てたらいいなという、夢レベルだった。

ところが、その「近い将来」が、思いがけず早めに訪れた。

東京・青山でアンティークショップを経営していた友人Yさんが広い店舗に引っ越すことになり、彼女が引っ越した後の物件を借りることになったのだ。Yさんには、近い将来、自分でお店をやりたいと伝えていたこともあり声をかけてくれた。私がロンドンに留学していた同時期に彼女もロンドンに住んでいて、その当時からアンティークの仕入れの仕事をしていた。

そして、あれよあれよという間に、いきなり東京の中でも高級感漂うオシャレな街・青山に、自分のお店を持つことになった。

即決してしまったのにはいくつかの理由がある。まずは思い立ったら即行動する私自身の性格があげられるが、渋谷からも表参道からも近いうえに青山通りから1本入っているので喧噪も感じないという、立地条件が気に入った。

何よりも、外観が居抜き状態で借りられることが最大の決め手になった。彼女のお店はオシャレで、私好みだったからだ。ペンキを塗り替えるにしても、外観はそのまま使える。ウインドウが広くて、造りがイギリスらしい。ドアノブはまさにイギリスのアンティークだ。素敵な外観をそのまま使えるのなら願ってもないことであり、資金面でも助かる。彼女もこの店舗には思い入れがあり、気に入っている外観を次の借り手が壊すことなく使ってくれるのなら嬉しいと言っていた。大家さんも私が借りることで了承してくれた。

問題は資金である。いくら外観はそのまま使える部分が多いとはいえ、借りるにはそれなりにまとまったお金が必要だ。内装にもこだわりたい。

当時は不動産屋さんへの敷金・礼金はバカにならないほど高く、家賃も12坪で約12万円だったと記憶している。30数年も前の話である。2年ごとの契約更新時には少しずつ値上げされ、お店を閉める頃には20万円まで家賃が上がっていた。

そこで、私は親に協力をお願いすることにした。そのためにしたことは、「企画書」を作成することだった。お店の顧客ターゲットとなる猫好きがいかに全国にたくさんいるかに始まり、輸入物オンリーの猫グッズのショップが日本にはないという競合リサーチなどを盛り込みながら、ビジネスとして成功し得る条件を連ねて、それらしい企画書に仕上げた。なんとか親を説得し、無利子で資金を貸してもらうことに成功した。

資金の目処がつき、お店のオープンを決めると同時に、当時働いていた会社を退職した。

そして、客商売に慣れるために、移転するまでの間、Yさんのアンティークショップの手伝いをすることになった。

彼女のお店で扱っているアンティークの小物は、ファッション雑誌やインテリア雑誌に必ず掲載されているほど人気だったので、スタイリストさんなどからのレンタル依頼も頻繁だった。そういったお客さまが来店するたびに、「いらっしゃいませ」と、明るく元気な声で出迎えることから始まり、何もかもが初めての経験だったので、場に慣れるだけでも大変だった。

私は並行して、以前仕入れのお願いの手紙を送っていたアメリカのメーカーに連絡を入れ、早速グッズの発注を始めた。

店名は誰もが覚えやすいように「CAT HOUSE」（キャットハウス）に決めた。

私がビジネスを始めるにあたって、仕入れのほかにしたことといえば、お店の名前を考えて、ロゴマークと名刺を作り、女性誌を発行している出版社に開店の案内状を送るくらいだったと思う。ロゴや名刺は友人のデザイナーに頼んだ。ちなみに、ＳＮＳがなかった時代、お金をかけずに小売店がマーケティングするための手段は雑誌で紹介してもらうことだった。

当時はブランディングという言葉もメジャーではなく、私はビジョンやミッションを考えることもなく経営をスタートした。資金援助をしてもらうために親に企画書を提出したとはいえ、形だけのお粗末なものだった。市場における自社（商品）のポジションを明確化し、ターゲット市場に浸透させるにはどうすべきか、などを考えてから動くのが普通だと思うが、私はそんなことはまったく考えなかったし、キャッチフレーズさえもなかった。

「猫が好き」、「猫好きを喜ばせたい」、「まだ日本に輸入商品オンリーの猫グッズショップはない」、「日本全国には猫好きがたくさんいるから需要があるに違いない」。たったこれだけの理由で、「だから絶対にやっていける」とお店の経営を始めてしまった。

「売れなかったらどうしよう」「うまくいかなかったらどうしよう」といった不安は一切なかった。ロゴマークを考えたり、名刺を作ったり、ステーショナリーやポーチなど、オリジナル商品を作ったりすることが、ただ楽しかった。自分がやりたいことを、やりたいようにやりながら準備を進めた。そうこうしているうちに、続々と注文していた猫グッズがアメリカから届き始める。

アンティークショップの移転の話を聞いてからそれほど時間を置かずに、新しい店舗が見つかったYさんは引っ越していった。

何もなくなった空間に、大工さんによって棚が作られていく。段々に自分のお店らしくなっていく様を見るのは、何ともいえない気分だった。自分の城ができあがっていくワクワク感からは、キラキラした前途しか想像できなかった。予定通り、素敵な外観はそのままにしてペンキを塗り直し、アメリカから届いたオシャレで小粋な猫グッズたちを、どうディスプレイしようかと考えるのも、また楽しい時間だった。あとは開店を待つばかり。

1984年6月15日、32歳の時に、私は「キャットハウス」をオープンした。日本で初めての輸入猫グッズ店ということもあり、メディアでも注目され、雑誌やテレビなどで取り上げられた。お店経営は順調にスタートした。とはいえ、まさかそれから25年もの間、お店を移転することも縮小することもなく、逆に拡大させながら経営を続けていくとは、その時は想像もしていなかった。

猫グッズの仕入れノウハウ

当初、主な輸入先はアメリカだったが、徐々にヨーロッパの国々の猫グッズも開拓していく。アニマルウェルフェア（Animal Welfare）先進国であり、動物愛護団体の活動も活発なイギリスは、猫をモチーフにした猫グッズが豊富で、デザイン的にも洗練されていた。イギリスから猫グッズを仕入れたいと考え、ギフトショー（見本市）に行ってみることにした。

ロンドンから急行電車で約1時間30分、イギリス北西部に位置するバーミンガムでは、毎年2月に「スプリングフェア」が開催されている。バーミンガムのスプリングフェアはイギリスで最大規模を誇る見本市で、この見本市によって2年先の市場の動向が決まるともいわれている。ギフト、文具、ファッション、家庭用品、おもちゃ、食器、バッグなど、トレンド商品が一堂に見られる商談の場でもあるため、世界中からバイヤーが押し寄せる。近隣のホテルはギフトショーに来た人で埋まり、ホテル代も高騰する。

私は初めて訪れて以来、スプリグフェアに行くのが毎年の恒例になった。会期中、4、5日かけて私は隅から隅まで隈なくブースを見て歩いた。今日はどんな素敵な猫グッズに出会えるか楽しみにしながら、猫の形をした商品や猫の柄が付いている商品を探して、飽きもせずに1日中会場内をウロウロした。

素敵な猫グッズを見つけた時の嬉しさは格別だ。絶対仕入れたいと思った商品は、その場で発注をかける。ちょっと考える時間がほしい商品は保留にしてカタログを貰い、日本に帰ってからゆっくり考える。興味を持ち取引をしたいと思った何十というメーカーと、そんなやりとりを繰り返す。

何回か通ううちに、このギフトショーは私にとって、新しい猫グッズを探す場であると同時に、取引先への挨拶回りの場にもなっていく。

ロンドンは2年も暮らした懐かしさもあり、仕事のみならず、市内や郊外の蚤の市に行くのも楽しみのひとつだった。蚤の市でも端から端までどんなモノに出会えるのか、ワクワクしながら見て歩き、古い陶器の猫の置物や小物を探した。自分用にアンティークの小物を買うことも忘れない。

蚤の市ばかりでなく郊外のアンティークショップもしかり、飽きもせずに本当によく通っていた。毎回、友人を誘い、時には母と一緒にイギリス通いをした。昔ほど物欲はなくなったものの、今でも古いものは大好きだ。

毎年2月に開催されるバーミンガムのスプリングフェアだけでなく、行ける時には年2回、猫グッズを仕入れるためにイギリスを訪れるようになった。フランスやドイツ、イタリアのギフトショーに足を運んだこともあるが、やはり猫グッズの多さはイギリスが一番だ。

猫が好き、雑貨が好き、お客さまに喜んでもらいたい……。

その思いだけで、当時はヨーロッパを飛び回って、商品を探したものだ。

事業の拡大――卸販売のスタートとギフトショーへの出展

キャットハウスをオープンして数年後、仕入れ先のメーカーは徐々に増え、アメリカ、イギリス、フランスなど、最終的には100社ほどになっていた。

日本にもいくつかの猫グッズショップがオープンした。キャットハウスにはほかには売っていないオシャレな猫グッズがあると評判になり、ショップからの問い合わせも多くなったため、卸販売も始めることにした。

また、自分が顧客として訪れるのではなく、日本のギフトショーに出展するようにもなった。出展の際には大工さんにお願いして、リビングルーム風、キッチン風など、ブースに簡単な部屋を作ってもらうこだわりよう。販路拡大が目的だったとはいえ、それぞれの部屋に合うようにインテリアを猫グッズでディスプレイする作業は、とにかく楽しかった。

ギフトショーへの出展が功を奏し、猫グッズショップばかりでなく、猫好きのオーナーが経営する一般の雑貨屋さんにも商品を卸すようになる。そうして次第に卸販売の比重は増えていった。

今のようにものが溢れている時代でも、ネットでほしいものがすぐに買える時代でもなかったので、ほかでは手に入らない、キャットハウスにしか売っていない、輸入商品ばかりを扱っていたことは、ものすごい強みだった。

新商品を注文し、海外からその商品が届いて荷物を開封する時の喜びといったらない。もちろん、カタログで見てはいるけれど、実物はカタログで見た印象通りなのか、それ以上なのか。あの新商品は、卸先のAさんが気に入ってくれそうだから真っ先に紹介しよう、喜んでくれるはず、などと考えるのもまた楽しくやりがいを感じるひとときだった。

来店したお客さまが猫グッズを見てニンマリする様子を見るのも至福の時であり、それらの商品をお客さまに届けられることに喜びも感じていた。

私自身も猫キチだが、お客さまにも猫を飼っている方が多く、店内ではいつも飼い猫自慢の猫談議が始まる。そのほかにも、猫を飼いたいけれど住宅事情などで飼えないので猫グッズを集めているというお客さま、誕生日プレゼントにキャットハウスの猫グッズがほしいと友だちにリクエストされたというお客さま、飼い猫の誕生日なので、イギリスらしいタータンチェックのオシャレな首輪やえさボウルを探しているというお客さま……。

いつもお客さまの笑顔で溢れていたキャットハウスは、本当に幸せな空間だったと思う。

ふと思った「もう、お店を辞めよう」

キャットハウスでしか買えない猫グッズを輸入し、絶えず海外から新商品を仕入れてきた。メディアで紹介されたり、精力的にギフトショーに出展したりするうちに、猫好きにはたまらないお店として知られるようになり、固定客も増えていった。

いつの間にか、キャットハウスをオープンして20年以上の月日が経っていた。その間、何度か「辞めようかな、何か違うことがやってみたいな」と思ったこともあるが、ほかにやりたいことも浮かばず、辞めたとしても明日から食べるのに困るだけだと、結局同じような日々が繰り返された。

オープンして25年目の夏のある日、また「お店、辞めたいな」という思いが湧きあがった。ところが、この時は「でもほかにやりたいこともないし……」という思考には陥らなかった。

「そうだ、辞めるなら今かもしれない」

何の前触れもなく、そんな感情が湧いてきた。自分でもその時の気持ちをどう表現すればいいのかよくわからないが、「辞めたい」から、「もう辞める」と店を閉める決断をした。次の計画が何もないまま、決断した次の日には不動産屋さんに賃貸契約の解除を連絡していた。25年もやっていると、商品在庫もすごい数になっている。取引のある卸先も数十件、懇意の顔なじみのお客さまもたくさんいらっしゃるので、突然の閉店アナウンスは混乱を招きそうだった。そこで、5カ月先の新しい年、2010年をまたいだ1月末を閉店日と決める。いずれにせよ閉店セールを開催しても1カ月や2カ月では在庫の商品はさばけないだろう。5カ月の猶予は妥当なように思えた。

閉店までの数カ月、次の仕事のことを考えることはなかった。何かやりたいことが見つかったわけでもないのに、不思議と不安はなかった。25年間、やりたいことをやり切ったという思いのほうが強かったのだと思う。感傷的にもならず、スッキリ、淡々と日々が過ぎていった。

閉店の旨を伝えると、卸先の方々にはこれから輸入物のオシャレな猫グッズをどこから仕入れればいいのかと嘆かれ、お客さまからは残念だし寂しいと言われ、申し訳ない気持ちになる。友人からは、「次は何をするの？」と聞かれるが、決めていないとしか言いようがない。

そして、2010年1月、キャットハウスは25年という歴史に幕を閉じた。

売れ残ってしまった商品は、卸先に委託販売をお願いしていたので、段ボールに詰めて発送した。店内で使っていたアンティーク家具などの什器もセールで販売してしまったので、店内に残っているのは大工さんに取り払ってもらうパーテーションや在庫棚のみ。入居した時と同じようにきれいな状態にした後、大家さんに鍵を渡して、キャットハウスにさようならをしたのである。

今でも時々、「あのままキャットハウスを続けていたらどうなっていたのだろう？」と考えることがある。35年以上になるから、老舗と呼んでもいいかもしれない。昨今、巷では猫ブームの再来といわれており、猫カフェが流行り、ネットショップでは選ぶのが大変なほど多種多様な猫グッズが買える時代になった。でも老舗ショップとして、キャットハウスは十分にやっていけていると思う。

私はとくに閉店した寂しさもなく、今後の心配をするでもなく、ただ、やり切ったという充実感と、自由になったという開放感だけが残った。お店を閉め、残務整理も終わり、一段落したので、25年間のお疲れさまを込めて海外旅行に出かけることにした。

リフレッシュのために選んだのは、フィリピンのセブ島だった。フィリピンには行ったことはなかったが、近いしちょっと贅沢なホテルに泊まってのんびりしようと、母と一緒に出かけたのである。

そして、近場のリゾート地というだけの理由で訪れたセブ島で、私の人生を左右する出来事に出会ってしまったのである。

第2章

再出発

新たな起業の発想　自分が得意な「編み物」×誰かの役に立つ「ビジネス」

２０１０年２月、私はフィリピンのセブ島に旅行に出かけた。母と一緒に１週間、のんびりする予定だった。

２月だというのに空港に降り立った途端、熱帯性気候特有のムッとする暑さに襲われる。日本から飛行機でたった数時間の距離だが、「おぉ、南国のセブ島だ」と実感する。

ガイドブックを読むでもなく、フィリピンに対する先入観も何もないままやって来たが、以前、訪れたことがある同じ東南アジアのタイやベトナムと似たり寄ったりなのだろうと想像していた。しかし、空港からホテルに向かう車窓から見た風景は、どことなく私が生まれ育った時代の昭和の街並みに似ている、そんな第一印象だった。

ちなみに、フィリピンは７千を超える島々からなる国だ。リゾート地として知られており、多くの観光客が訪れる。首都・マニラがあるルソン島をはじめ、セブ島、ボラカイ島、ミンダナオ島、ボホール島などが有名だ。

セブ島の海沿いのリゾートホテルに宿泊していた私たちは、のんびりしながらもアクティビティに参加したりもした。ホテルからボートで沖に出かけ、インストラクターの指導のもとシュノーケリングにも挑戦。きれいなブルーのヒトデや魚の群れを堪能した。

オプショナルツアーで、セブ島から船で1時間ほどの場所にあるボホール島にも日帰り旅行に出かけた。チョコレートヒルズに登り、大きな目のメガネ猿・ターシャに会い、ロボック川のクルーズをし、島を訪れたら誰でも行くお決まりの観光コースを目一杯楽しんだ。この時は、まさか数カ月後にセブ島やボホール島で、現地の女性たちとバッグを作る仕事を始めるとは思いもしなかった。


私にとって海外旅行の醍醐味は、気ままにブラブラ歩きながらオシャレな雑貨屋さんを見つけることだ。ベジタリアンなので、その土地のおいしいものを食べるということにはさほど興味がない。もっぱらかわいいモノ、オシャレなモノ、古いモノがありそうな場所に吸い寄せられるように、路地裏を歩くことになる。とくに古い街並みがきれいに残るパリやロンドンではがぜん張り切ってしまう。

写真はほとんど撮らない。思い出は写真に留めるのではなく、自分の心の中にというのが信条だ。自分の目でいろいろなモノや景色が見たいので、写真を撮っている時間がもったいないのである。

アジアの国々ではハンドクラフト的な民芸品を見るのも好きだ。セブ島でもお土産屋さんの店先に並んだ色とりどりの手織りのカゴバッグを見て、心が踊った。そのほかにも貝で作ったアクセサリーやココナツ製品、天然素材で作った箒やランプシェードなど、セブ島らしい手作りの商品が所狭しと置いてあり、見飽きない。

友人へのお土産はカゴバッグに決めた。私が手に取ったカゴバッグの中には、入れ子のように中・小のカゴバッグが入っており、3個セットになっていた。ばらせば1セットで3人分のお土産になる。気になるお値段はというと、3個セットで2千円もしない。

手作りでちょっと持つにはかわいいデザインだし、作りもしっかりしている。色や柄も豊富で、贈る友人を思い浮かべながら、それぞれのイメージに合ったデザインを選ぶ。2セットのカゴバッグを買い、6人分のお土産が調達できた。かさばらなければもう1セット買いたいところだが、畳めないので諦める。値段以上に見えるお土産が見つかったことで気分は上々だった。

だが、ふと思った。3個で2千円弱ということは、ひとつが約650円。材料費やお土産屋さん、商品を運ぶ人、作り手を取りまとめる人など数人が関わっていて、それぞれに儲けがあるとすると、一番大変な作り手が貰える金額はいったいいくらなのだろう。いくらも貰っていないのではないか……。

素敵なお土産が見つかったことと、気になっていた友人へのお土産が調達できたことで気分がよかったのに、安い工賃で働いている作り手のことを考えたら、何だか気分が落ち込んでしまった。バッグを手で織り編みあげる技術があり、いいモノを作っても、現地のお土産屋さんで売っている以上、作り手の工賃は安いままだ。そして安い工賃で働いているから、いつまでたっても貧乏から抜け出せない。

これだけのモノを作れるのなら、フィリピンには手先が器用な人が多いのかもしれない。私がデザインをしてモノを作り、日本で販売すれば、間違いなく現地で販売するよりも高く売れるはずだ。作り手にもっと工賃を還元できるのではないか。漠然とそんな考えが頭をかすめる。

これまでもフィリピンと同じような発展途上国に旅行に行ったことはあるが、そんな思いに至ったことはなかった。仕事をしていて、つかの間の休息としてフィリピンに行っていたら、きっと現地の人たちとモノを作って、日本で売りたいという発想は浮かばなかったと思う。無職だったことで頭の中は仕事に関して空っぽな状態だった。だから、次にやりたいことを受け入れられる、考えられるスペースがあったのかもしれない。

母とフィリピンを満喫し日本に帰国した。セブ島でふと考えた「現地でのモノ作りの構想」はその後も頭から離れなかった。品質がよくて、デザインもオシャレな商品を作り、日本で販売することができれば、ビジネスとして成立する。フィリピンの女性たちにきちんと工賃が払えるはずだ。同じ労働時間で工賃が高くなれば女性たちの暮らしは楽になるに違いない。

では、フィリピンにある素材で何が作れるのだろう？　そして私にできることは何だろう？　みんなが面倒でやりたがらなかったり、そこに可能性を見いだしていなかったりすることは何だろう？　私がフィリピンの天然素材を使って作れるモノは何だろう？　相変わらず、頭の中でグルグルしていた。

そうだ、かぎ針を使って天然素材でバッグを編むのはどうだろうか。天然素材を使ってモノを作るなら小物よりも高く売れるバッグがいい。編み物なら得意だし、私が教えることができる。しかも、かぎ針1本で大きな道具も必要ないから場所も選ばない。年中暑い国だからきっと麻やラフィア、植物の繊維など、編み物に適した素材があるはずだ。

さらに具体的かつ現実的に考えるようになった。その時、なぜ真っ先に編み物が浮かんだのか、その理由は自分でもわからない。ただ、私が教えられることで商品になるモノを作ると考えると、やはり昔取った杵柄ではないが、必然的に編み物に行き着く。現地の女性たちに編み物の技術を教え、何もないところから一緒に何かを作り出すことがしたいと思った。

そして、第2の人生に進むにあたって、決めていたことがひとつだけあった。それは「必要とされる場所で、誰かの役に立ちたい」ということだ。フィリピンでのモノ作りは打ってつけだと思った。自分自身が楽しめそうなうえに、得意な編み物でフィリピンの女性の役に立てるかもしれない。モノ作りをするならフェアトレードの指針に基づいて工賃を支払い、雇用の創出もできるかもしれない。

方向性が決まれば、やるべきことは自ずと見えてくる。フィリピンの女性が編んだバッグを日本の女性が持って街を歩く。なんだか素敵ではないか。想像するだけでワクワクしてくる。こういう未来予想図を思い浮かべる癖は学生の頃から変わらず、物事を始めるための私の原動力になっている。

作ってみたいバッグのイメージも徐々に膨らんでくる。どんな素材でバッグを作ろう。でも、それ以前に編んでもらう人、作り手を探さないといけない。これまでは自分で作って自分で売る、自分で仕入れて自分で売るという形態でビジネスをしてきたが、今回の作り手はフィリピンの女性でなくてはならない。今までやったことのない形態だ。しかし、未知の世界について考えを巡らせるのは、新鮮で楽しい作業だ。

行動を起こす前に、いつものように母に聞いてみた。

「セブのお土産屋さんに売っていた手作りのカゴバッグを見てヒントを得たのだけど、フィリピンの天然素材を使って、現地の女性にかぎ針でバッグを編んでもらおうと思うんだ。相応の工賃をきちんと払って、できあがったモノを日本で販売しようと思うのだけどどう思う?」

母はあっさりと言った。

「あら、里ちゃん(いい年をして、私はいまだにちゃん付けで呼ばれている)と一緒に行動していたけど、お母さんはそんなことちっとも思いつかなかったわ。面白そうだからやってみたら。フィリピンの女性も工賃がちゃんと貰えたら嬉しいんじゃない?」

母は反対しないどころかどんな時も背中を押してくれる。私にとって、いつまでたっても心強い一番の応援者である。

思うように進まなかった最初の一歩

さて、何から始めればいいのか。作ってくれる人がいなければ始まらない。フィリピンの女性はかぎ針を使って編み物ができるのだろうか。まずは私がフィリピンに行って、編み物の技術指導をする必要があるのではないか。とにかく、一緒にバッグ作りをやってみたい人を探すのが先決と考え、天然素材を使ってモノ作りをしているフィリピンのＮＰＯなどの団体をインターネットで検索する。そういうところにはモノ作りをしている人たちとのつながりがあり、編み物に興味のある女性を集めてくれるのではないかと考えたのだ。思いがけず、結構なサイト数がヒットした。その中から、オシャレなモノ作りをしている団体を選んだ。

女性に限定しようと思ったのは、貧しい国では女性の働き口が少なく、たとえ仕事があったとしても低い賃金で働くことを余儀なくされているのではないか、と思ったからだ。女性、母親が働くことで、子どもにきちんと食べさせられる、教育を受けさせられる環境が手に入る。編み物の技術を習得すればやりがいも生まれ、こちらが工賃をきちんと払えば継続して働いてくれるのではないか、そんなことを考えたのだ。

早速、ホームページに書いてある連絡先にメールを送ってみることにした。

「私はフィリピンの天然素材を使用し、フィリピンの女性にかぎ針で編んでもらったバッグを、日本でフェアトレード商品として販売したいと考えています。編み物に興味がある女性を10人ほど集めていただけたら私が日本から編み物を教えに行きます。材料、道具等、かかる費用はすべて私が持ちますので、どうぞよろしくお願いいたします」

簡単な自己紹介と、私がやりたいことを簡潔に記し、趣味が合いそうなオシャレなモノ作りをしている団体、10カ所ほどを選んでメールを送った。

あちこちの団体から「ぜひ来てください」と返事がきたらどうしよう。島から島への移動は大変だから一度に何カ所も回れないかもしれない、とかなりポジティブに考えていたが、それが取り越し苦労だとすぐに思い知る。1週間経っても、どこからも返事がこない。返事がきすぎたら困ると思っていたのに、まさかのゼロとは……。

10日後、「1週間ほど前にメールを送った者です。返事がないのですが読んでいただけたでしょうか」と、もう一度コンタクトをとってみる。電話番号がわかる団体には電話をかけてみるが誰も出ない。待てど暮らせど、どこからも返事はこなかった。

さて、どうしたものか。諦めるのはまだ早い。絶対どこかに興味を持ってくれる人がいるはずだ。話をわかってくれる人がいるはずだ。しかも私がフィリピンに教えに行き、かかる費用はすべて持つといっているのだから。

私は次の策を考えた。そして、マニラにある日本大使館に連絡をとってみることにした。「フィリピンでモノ作りをしたいと考えている。女性に編み物の技術やデザイン指導をしたいので、興味のありそうな団体を紹介してほしい」という内容のメールを送った。

さすがは日本大使館である。すぐに返事がきた。「あなたのやろうとしていることはとても素晴らしいことなので頑張ってください。応援しています。ジェトロ（ＪＥＴＲＯ／日本貿易振興機構）マニラセンターや、フィリピンの貿易産業省（ＤＴＩ／Department of Trade and Industry）に連絡をしてみてはどうですか」という内容だった。ＤＴＩは、２００４年より地場産業の育成を目的に「オトップ（ＯＴＯＰ／One Town One Product）」という一村一品運動を推進していた。その活動では手工芸品も多く作っているとの情報を得たので、早速あたってみることにした。

インターネットでオトップを検索し、やはり感覚的にデザインがすぐれていると思えるモノ作りをしている団体を10カ所ほど絞り、メールを送ってみる。

すると、ミンダナオ島で一村一品運動を行っている団体から返事がきた。メールを読んでみると、残念ながら私が求めている内容ではなかった。この団体ではすでにアバカ（マニラ麻）で織った生地を裁断してバッグを作っており、制作したバッグを買ってほしいという内容だった。

私が1から指導してモノ作りをしたいという、時間も労力もかかる構想は難しいと思われてしまうのか、いい答えが返ってこない。残念ながら、オトップも成果なしの結果に終わった。

ジェトロにも連絡してみるが、「フィリピンの女性は真面目だし、きちんと教えればものになると思うので頑張ってください。応援しています」と励ましてくれたものの、具体的なアドバイスはもらえなかった。

その時は「どうして、誰も返事をくれないのだろう」と不思議に思ったが、よく考えれば当然だったのかもしれない。

どこの誰だかわからない他国の人間が、突然こんな話を持ちかけてきても信用できないと思う。たとえ面白そうだと思っても、関わるといろいろと面倒な仕事も発生する。集まってもらえそうな女性に声をかけたり、トレーニングの開催準備をしたりするのは確かに面倒だ。日本から来る私のアテンドもしなければならない。大変だから放っておこう。こんなふうに思った人ばかりだったのだろう。

これまでにも海外から私のような人が来て、モノ作りの技術を教えたりしたことがあったのかもしれない。しかし、フォローが続かなかったり、いつの間にか消滅して長続きしなかったり、ものにならなかった経験があったのだろう。また同じことになるのだったら関わらないほうがいいと判断したのかもしれない。

何通ものメールを送るも、何ひとつ前に進まない。フィリピンで女性の作り手を探すには、どうしたらいいのか。知り合いもつてもなく、途方に暮れていた。

しかし、好奇心旺盛なうえに、こうと決めたらそれに向かって突き進む私の性分が、この時も十二分に発揮された。海外で現地の人たちとモノ作りをすることは、私にとって未知の世界だった。そんな未知の世界に足を踏み入れてみたい、そしてそれを実現したい。好奇心旺盛といえば聞こえはいいが、怖いもの知らずの私は、自分が知らないことや体験したことがないことに興味津々で、この時も諦めるどころか、「どこかに突破口があるはず」とうまく進まない現状とは裏腹に、フィリピンで現地の女性たちと一緒にモノ作りをしたいという思いは日に日に膨らんでいった。

次の策を考えていた時、ふと思い出したことがあった。インターネットでフィリピンのNPOやオトップを検索していた際に結構目にしたサイト、フィリピンに住んでいる日本人が運営している団体や個人のホームページ、ブログなどである。彼らにモノ作りをしている団体を知らないか、もし知っていたら紹介してほしいと訊ねてみようと考えた。私の考えに興味を持ってくれそうな方や団体をいくつか選び、図々しくもメールを送ってみることにした。

そして、ようやく前進できそうな内容の返事が届いたのは、動き出してから2カ月後くらいだったと記憶している。

セブ島の観光スポットや美味しい食事処などを紹介しているフリーマガジン『セブポット』を発行している日本人女性Hさんからのメールだった。知り合いのフィリピン人女性Gさんを紹介してくれるという。

Gさんはセブ市でフェアトレードグッズのショップを経営している人だった。また、彼女はセブ島のあるビサヤ地域のNPO団体を熟知しており、Gさん自身、ショップで販売するだけでなく、手工芸品や特産物のドライマンゴーやジュース作りなど、生産者、モノ作りの支援もしているという。

フェアトレードに関係のある人を紹介してくれるなんて、何と嬉しいことか！　後で知ることになるが、セブでHさんを知らない人はもぐりといわれているくらい、彼女は顔が広くて信頼も厚い人だった。今でもセブに行くと、時々お会いして食事をご一緒することがある。関西弁で軽快に話すHさんとの会話はとても楽しく、いつもエネルギーをもらっている。

私は早速、Gさんにメールを送った。Gさんからの返事には、「あなたがそれほどまでに、フィリピンの女性に編み物のノウハウを教え、天然素材でバッグを作りたいというのなら、セブ島とボホール島で女性を10人ずつ集めるので来たらどうですか」と書かれていた。

初めて手ごたえのあるメールを受け取ったことで、これまで練ってきた構想が現実味を帯びてきたようで嬉しかった。これで第一歩を踏み出せる。

　とはいえ、Gさんもそんな簡単にはいかないと思っていたに違いない。「一度来てやってみれば気が済むでしょう」、そんな感じだったのではないか。それはそうだろう。どこの誰だかわからない日本人女性が、個人で日本からわざわざやって来て、しかもトレーニングにかかる費用は全部持つという。無謀だと思うのは当然だ。

　たとえフィリピンで編み物のトレーニングができる環境を整えても、すぐに売れる商品が完成するわけもなく、そこまで漕ぎ着けるには相当の時間がかかる。それまで、誰が女性たちの面倒を見て、どう彼女たちをまとめるのか。ビジネスベースに持っていくのは至難の技だろう。

「やめておいたほうがいい。世の中、そんなに甘くはない。フィリピンは日本とは違う。簡単にことは運ばない。やったところで、日本で売れる商品ができるかどうかもわからない。ビジネスとして成り立たない」

　そんな否定的な思いばかりが浮かんでくる。不安がなかったといえばウソになるが、私はただやってみたかった。だからやってみる。スタートはそれでいいと私は思っている。やらないで後悔するよりは、やって後悔するほうがよほどマシだ。現地の女性と一緒にバッグを作りたいから作ってみる。編めない人には教える。不安や心配よりも「日本で売れるモノをフィリピンの女性たちと作りたい」という気持ちのほうが勝っていた。

なぜフィリピンなのか、なぜフィリピンの女性とのモノ作りなのか、確たる理由はなかった。ただ直感的に、ここなら「必要とされる人」になれる気がした。その直感を信じていれば、道は自ずと開けるのではないか。「自分の直感を信じ、やりたい気持ちを素直に実行する」、それが私の最大の仕事力なのかもしれない。

再びフィリピンへ――素材選びと市場調査

ひとまず、トレーニングに参加してくれる女性たちを集めてもらえることになった。次はどのような素材でどのようなバッグを作るか、具体的に商品のアイデアを詰める必要がある。「フィリピンの天然素材をかぎ針で編んでバッグを作る」という構想を練ってはいたものの、素材を何にするかについては悩んでいた。

フィリピンの天然素材の中でも何が手編みに適しているのだろうか。とはいえ、天然素材の選択肢はさほどない。さらに、手編みに適している糸となるとますます限られてくる。

当初は、「アバカ」を候補のひとつにあげていた。麻のような植物繊維が採れることから「マニラ麻」とも呼ばれている。アバカは撚ってロープなどに使われる素材で、強靭ではあるけれどごわごわしていてスムーズに糸が滑らなさそう。毛糸で編むようなわけにはいかないだろうと想像がつく。細く撚っても、硬くてかぎ針では編みづらそうだ。

もうひとつの候補としてあげていたのが、ラフィアだ。ラフィアとは椰子の木の一種で、ラフィア糸は木の幹を裂いて糸状にしたもの。当時、すでにラフィアで編んだバッグや帽子を日本の百貨店などで見かけるようになっていた。そのため、天然素材の中でも、ラフィアは編みやすい印象があった。

私はフィリピンで編み物のトレーニングを始める前に、きちんと素材のことを知っておきたかった。いろいろな天然素材の糸に触れ、編んでみてから、編みやすさや風合い、できあがりなど、実際に自分の目と手で確かめてから決めたいと思った。

初めてセブ島を訪れてから数カ月後、天然素材を使ってのモノ作りが盛んなボホール島に、3泊4日の素材探し兼デモンストレーションの旅に行くことになった。Gさんのフェアトレードショップで働いている女性スタッフEさんが、旅のコーディネートをしてくれ、さらに案内役もかってでてくれた。この時も母と一緒にボホール島を訪ねたのだが、母はよほどのことがない限り、誘いを断ることがない。

バッグにふさわしい素材を探しに、ボホール島の村々を見て回れることにワクワクしてくる。そして、素材が決定すれば、また一歩前進できる。素材を自分で見て触って吟味して選ぶことができるとは、なんと贅沢なことか。どのようにして植物から糸が作られるのか、それにも大いに興味があった。

ボホール島の港トゥビグンへは、セブ島から船で約1時間。あっという間に着いてしまう。こじんまりした港には、客引きの「トライシクル」(バイクにサイドカーを付けた三輪タクシー)がたくさん停まっている。田舎道をトライシクルや乗り合いバス「ジプニー」を乗り継ぎ、染色した細いラフィア糸で機を織っている工房へ向かった。

ラフィアの木が群生するボホール島では、昔からラフィア糸での機織りが盛んで、多くの村人たちの仕事になっている。ラフィアを細い糸状にして染色し、機織り機で布を織り、反物として販売しているのだ。この生地で作ったコースターやランチョンマット、クッションカバーなどが、お土産屋さんで売られている。バナナの葉っぱで床に敷く大きなマットを作っている工房も見学した。手でバサッバサッと器用に大胆に葉っぱでマットを織る様は、飽きずにずっと見ていたいと思えるほどだ。

竹を薄く裂き、さまざまな格子模様にして家の壁を作っている様子も見せてもらう。現地の人は天然素材を利用して、こういった生活に密着したモノ作りを、長年淡々と続けてきたのだなと感心する。そして、庭にある椰子の木から採ったばかりのココナツの実を鉈で割り、日本で来客に出すお茶のようにココナッジュースでもてなしていただくのも新鮮だった。事前に声がけをしてくれたGさんのおかげで、トライアルには数名の女性が集まってくれた。私はかぎ針でラフィア糸を編んで見せる。ラフィア糸は機織りだけに使われるものと思っていたボホール島の女性たちは、かぎ針でバッグを編むという意外性に驚いた様子で興味津々に話を聞いてくれた。

参加者たちにも見よう見まねで少し編んでもらう。かぎ針でラフィアを編むのは初めてだったので扱いにてこずっていた。ただ真っ直ぐに数段編んでもらうだけだったが、興味を持ってもらえそうな手ごたえを感じる。

最後に「今度、ラフィア糸を使ってバッグ作りをするトレーニングを始めるので、興味があったら参加してね」と集まった女性たちに言うのも忘れない。編むことが仕事になるのなら、技術を習得して仕事にしたいと、みな一様に口を揃えた。やはり、働いてお金を手にしたい気持ちがあるのだと知る。

3泊4日のボホール島の旅では、モノ作りの現場を垣間見ることができ、有意義な体験をさせてもらった。

ボホール島滞在中に試し編みをしてみて、やはりかぎ針でバッグを編むならラフィアが最適だと感じた。ラフィアは毛糸のように糸の運びがスムーズではないものの、ほかの天然素材に比べれば編みやすいし、手編みの風合いがとてもいい。そして、ラフィア糸になる幹は、糸として利用しなければ枯れて土に還ってしまうという、自然にやさしい素材であるところも気に入った。

ただ、ひとつ問題があった。糸の染色だ。現地にはラフィア糸を完全に色止めできる技術がなく、染めても色落ちしてしまう。また現地で使用している染料は草木染などの環境にいいものではなく、化学染料を使用しているとのことだった。

そこで、カラーのラフィア糸は諦め、ベージュ1色で商品を作ることに決める。色味のないナチュラルなカラーのバッグになるため、地模様や形でほかのカゴバッグと差別化するデザインにしよう。この天然素材かつナチュラルな色の糸でオシャレなバッグを作ったら日本のお客さまに気に入ってもらえるかもしれないと、やりたいことが少しずつ明確になり、形になっていく。

念願のトレーニングをフィリピンで行う手はずは整ったが、まったくの初心者に編み物を教えた経験はない。ましてや日本語が通じないフィリピンの女性たちにどう教えたらいいのか。私は現地の言葉が話せないので英語で教えることになるが、編み方に関する専門用語は英語でなんというのだろう。フィリピンに行く前に、トレーニングの手順を考えておかないといけない。とにかく手を動かして編んでもらい、数をこなすことが大切だ。

そこで、基本となる編み方で作れる円柱型のバッグにリボンを付けたデザインを最初の課題に選んだ。リボンは長方形を編み、真ん中にタックを入れるだけでできる。真っ直ぐに編む練習も兼ねてリボンを作ってもらい、円柱型のバッグでは底を丸く編む編み方、つまり目の増やし方を教えることができる。

ボホール島で買ってきたラフィア糸で、サンプルとなる円柱型のバッグを編んでみる。編んでいるうちに糸の扱いにも徐々に慣れてくるが、ラフィアのバッグは編んだら終わりではない。天然素材なのでツンツンした極細の繊維が編み目の間からたくさん出ている。それらをハサミで切る作業（トリミング）に思ったよりも時間を取られることがわかった。

気になった点を修正しながら編み図を起こし、英語で編み方の手順を書く。初心者向けに、さらに2つのデザインを考え、同じようにサンプルを編んで編み図を起こす。編み図の見方や記号の説明は、実際に私が編んで見せて「Crochet like this.（このように編んでね）」と進めていけば大丈夫だろう。

久しぶりにサンプルを編んでみて、私はやはり編むことが好きなのだと再認識する。早くできあがりが見たくて、編み出すと止まらなくなるのも昔と変わらない。トイレに行く時間も惜しんで、睡眠と食事以外は編み物に没頭する日々がしばらく続いたが、一向に飽きない。

そうしてできあがったサンプルを部屋の棚に並べてみる。なかなかよい仕上がりだ。現地で使う、かぎ針やとじ針、ハサミも買い揃え、準備は万端だ。

丈夫でしっかりした仕上がりにするために、私はラフィア糸を1本どりではなく3本どりで編むことにした。そのためには太いかぎ針が必要だったが、フィリピンで手に入るかぎ針はレース編み用の細いものだけなので、太いかぎ針は持参した。後で知ったのだが、かぎ針でラフィア糸を編むことを、私がフィリピンで最初に始めたようだ。今でも現地では太いかぎ針は手に入らない。

こんなバッグも作りたい、こういう形も素敵かもと、どんどんデザインのアイデアが浮かんでくる。早く女性たちにバッグを作ってもらいたくてフィリピン行きがますます楽しみになってくる。

やはり、不安よりも知らない世界が待っているワクワク感のほうが勝っていた。フィリピンに行くのはいいが、本当に商品として販売できるレベルのバッグができあがるのか。日本で販売できるようになるまでに、いったいどのくらいの時間が必要なのか。実のところ見当もつかなかった。

日本で販売し、きちんと売れるまでのビジネスに育てることを想定していたとはいえ、フィリピンに行き、始めてみないことには見当もつかないことだらけだった。とにかく、編み物を教えにフィリピンに行ってみよう、行ってみないことには何も始まらない。わかっていたのはそれだけだ。

ただ私には、品質のよいオシャレなモノを作れば道は開けてくるはずだ、誰かのためなら頑張れるという確信があった。行けばなんとかなると、いつも通りのポジティブさで私はフィリピンへ向かった。

初めての先生——教えることの難しさを知る

２０１０年夏、いよいよセブ島の州都・セブ市とボホール島で編み物のトレーニングが始まった。これ以降、編み物のトレーニングを行うために、２カ月おきにフィリピンと日本を行き来する生活を送ることになる。

初めてのセブ島でのトレーニングは、セブ市の教会の敷地内に場所を借りて行った。参加者(トレーニー)は９名。男性も参加していた。お膳立てはGさんがすべて整えてくれた。フィリピン人の90％以上がクリスチャンなので、みんなでお祈りをしてからトレーニングスタートだ。

まずは、トレーニーたちに自己紹介をしてもらう。みな一様に、「編み物は初めてです。編み方をマスターしてバッグが編めるようになりたいです。とても楽しみです。このような機会を作ってくださりありがとうございます」と、意気込みだけでなく感謝の言葉を添えた。

初心者ばかりだったので、かぎ針の持ち方から教える。そして、編み図の説明をして、基礎となる編み方を実践して見せた後、早速リボンを編んでもらうことにした。

ところが、作り目をして、ただ真っ直ぐに編むだけのことができない。手の動かし方がわからず、「編む」という初歩的動作もできないのだ。なかにはかぎ針を持ったまま固まってしまっている人もいる。スラスラ編んだり、揃った目できれいに編んだりすることは無理でも、ゆっくりであれば初心者でも見よう見まねで編めるものとばかり思っていた。

まったくの初心者に教えた経験もなく、小学生の頃から誰に教わるでもなく当たり前のように編み物に親しんできた私は、迂闊にもこの時になって初めてそのことに気づく。これは教えるのが大変だ。想像以上に時間が必要であることを、早くもトレーニングスタート直後に思い知る。

座っているトレーニー一人ひとりの脇に立ち、腰をかがめて教えていく。まずは「編む」ことに慣れないことにはバッグは作れない。頭で覚えるよりも、とにかく手でリズムを覚えてもらうしかない。

途中、昼食と飲み物を出して休憩したのだが、初日からショックな出来事が起こる。若いカップルの参加者が外にお昼を食べに行ってくるといって出かけたきり戻ってこないのだ。しかも、かぎ針を持って行ってしまった。彼らは最初から気もそぞろで、やる気を感じなかった。頼まれたから仕方なく参加したという態度がありありだった。やる気のある人にだけ参加してほしかったこともあり、これはこれでよしとすることにした。

トレーニーたちの席を順番に回りながら説明し、理解できていないと思えば実際に編んで手本を見せた。わかりやすく手取り足取り教えたつもりだったが、初めて編む人にとっては難易度が高かったようだ。とくにラフィア糸は天然素材ゆえの編みづらさがある。木の幹を細く裂いて糸状にしたものを天日に干して乾かしただけの素材なので、ガサガサで硬く、毛糸のようにスムーズに糸運びができない。編み物に慣れている私でも最初はてこずった。ましてや、編み物初心者にとってはラフィア糸からのスタートはかなりハードルが高かったはずだ。

日が暮れる夕方5時までトレーニングは続き、初日は終わった。トレーニーたちは真面目に黙々と手を動かし、とても教え甲斐があるのだが、日本で売れる「商品」を作れるようになるまでには長期戦を覚悟する必要があるというのが初日の感想だった。午前中でいなくなったカップルの例があるように、自分自身の忍耐よりも、トレーニーたちが途中で嫌になって投げ出さずに続けてくれるだろうか。そんな不安が頭をよぎる。トレーニーの定着は最重要事項だ。

セブ市でのトレーニングは4日間の予定を組み、毎日10名前後の女性たちがトレーニングに参加してくれた。みな一生懸命に編んではいるものの、間違ってはほどき、目がきれいに揃っていないとほどき、目数が合わないといってはやり直し、なかなかバッグの形にならない。それどころか、真っ直ぐに編むだけのリボンさえも形にならなかった人もいる。最終日の4日目、なんとかバッグの形まで編めたのはたったのひとりだった。

次のトレーニング地・ボホール島へは、Gさんが紹介してくれたコーディネーターのRさんと向かった。

ボホール島のトレーニーはあちこちの村に住んでいて、村同士が離れている。私がそれぞれの村に行って教えるだけの時間的余裕はないため、中心部に安いホテルを借りて、そこに集まってもらうことにした。大部屋にトレーニーが雑魚寝で寝起きする合宿形式だ。朝起きてから夜寝るまで編み物漬けで集中的に技術を習得してもらう。合宿形式のトレーニングは私が決めたのではない。お膳立てはすべてRさんが整えてくれた。こういったことは現地の現場をよく知る人にお願いするのが一番だ。

フィリピン人の朝は早い。初日、7時過ぎからトレーニーがホテルに到着し出す。いくら何でも早過ぎる。彼女たちはそれぞれ住んでいる山村からバイクで下山し、公道に出たら今度はバスを乗り継いではるばるトレーニング会場であるホテルまでやって来た。いったい何時に家を出てきたのだろう。

以前、デモンストレーションで訪ねた村の女性たちが何人か参加していた。一度会っただけなのに、すでに顔見知りという感じがして嬉しかった。彼女たちを含め、今回の参加者は8名。セブ島でのトレーニング同様、まずは簡単な自己紹介をしてもらう。レース編みの経験者がいたので「これは覚えが早いかも」と期待が高まる。

セブ島同様に、「トレーニングに参加するのを楽しみにしていました。早く技術を覚えて仕事になったら嬉しいです。このような機会を与えてくれてありがとうございます」など、トレーニングに参加する意気込みと感謝の言葉を忘れない。

ちなみに、私はトレーニーの名前はファーストネーム（＝ニックネーム）で呼ぶようにしている。それが親しくなるため、信頼関係を築くための近道だと思っているからだ。「トレーニーたちの名前を覚える」のが、トレーニングにあたっての私の最初の仕事だが、フィリピン人の女性の名前は比較的発音しやすいので助かる。すぐに覚えられるように、手元のノートにトレーニーの名前と席順を書いておく。トレーニーたちにはいつも同じ場所に座ってもらうようにしていた。「覚えが早い」「口元にホクロ」「友だちの○○ちゃんに似ている」などの特徴も添える。

早速、トレーニングを始めることにする。編み物に詳しくないトレーニーは、「立ち上がり目」「目を引き抜いて一段の高さを同じにする」などと言われてもチンプンカンプンだ。それはセブ島のトレーニングで痛感していた。そこで、ノートに絵を描いて、編み図の記号を説明した後に、実践して見せる。セブ島のトレーニング以上に、何度も丁寧にゆっくり編みながら説明した。

ひと通りの説明が終わると、各自に編み図を渡し、実際に編んでもらう。私はやはりセブ島同様に、トレーニーたちの席を回りながら、しかしセブ島での失敗を踏まえてその人に合った教え方で教えていく。期待通り、ボホール島のトレーニーは覚えが早い人が多かった。しかも、落ちこぼれを作らないよう、理解した人がわからない人に、現地語で教えてくれる連携プレーまで見せてくれた。

ボホール島のトレーニーたちはホテル滞在なので、食事付きだ。ほかのことは何もする必要がなく、毎日朝食後の8時過ぎからトレーニングをスタートし、途中午前のおやつ、昼食、午後のおやつをはさみ、夕飯までの間、編み物に集中することができた。

そのせいか4日目には早くも3名が、ひとつ目の課題であるリボン付き円柱型バッグの編み方をマスターした。どうやら夕食後、部屋に戻ってからみな一緒に夜遅くまで編み物をしていたようだ。やることがないという理由もあったのかもしれないが、朝食前に部屋を訪ねてもせっせと編み物をしている姿を見た時は驚いた。真面目さや熱心さがヒシヒシと伝わってくる。とにかく1日中編み物漬け、まさに合宿だ。

滞在しているホテルは、崖の上に建っており、目の前には海が広がっていた。遠くを眺めれば船がポツポツと見え、浅瀬では魚を獲っている人がいる。子どもたちが水浴びする歓声も聞こえる。編み物で疲れた目には最高のロケーションだ。編んでいる手を休めてはしばし海を眺め、そしてまた続きを編む。崖の階段を下りれば泳ぐことができるので、早朝にみんなでひと泳ぎしたこともあった。

トレーニング開始から5日目には、2つ目の課題のバッグに付けるモチーフの編み方、6日目には、モチーフのつなぎ方を教えられるまで進んだ。1週間のトレーニング期間中にほぼ全員がひとつ目の課題であるリボン付き円柱型バッグを編めるようになった。

毎日、朝から晩まで顔を合わせてトレーニングをしていたので、トレーニーたちとも親しくなった。おやつの時間には編み物以外のおしゃべりもするようになり、家族構成や趣味、これまでの経歴などを聞く。国は違えど、みな考えていることとやってきたことに、それほど違いはないのだと妙に納得する。

あっという間に時間は過ぎ、最終日になった。夕食後にトレーニーたちに1週間の感想を訊ねると、「日本からこんな遠いところまで編み物を教えに来てくれて、感謝している」と、真っ先にお礼の言葉が出てくる。そして「1週間とても充実していて楽しかった」と口を揃えた。

トレーニングはまだ始まったばかりだ。私自身、試行錯誤の毎日である。もちろん、無責任に始めたわけではないが、彼女たちの一生懸命な姿とこれらの言葉を聞いて、改めて思った。ビジネスとして成立させ、みんなの役に立ちたいと。プロの編み子さんになれるように指導し、日本で売れる商品を作り、継続的に工賃を支払えるようにしなければならない。私はそれをこれからしていくのだ、と気持ちが引き締まる思いだった。

ここで、少しフィリピンにおけるセミナー事情について説明しておく。

フィリピンではセミナーやトレーニングを開催する場合、主催者が参加者に食事を提供し、エコバッグやTシャツなどをお土産に渡すのが一般的である。私もそれに習い、セブ市では昼食と午前、午後のおやつ、ボホール島ではそれに加えて、朝食と夕食、ホテル代も支払った。

ちなみに、初回のボホール島のトレーニングでは、ひとり1日800ペソ（当時のレートで約1600円）の費用がかかった。宿泊費はもちろん、3食とおやつ代も込みなので、日本と比べればだいぶ安いが、８人分×１週間となると結構な金額になる。

日本ではお昼にサンドイッチと飲み物を提供する程度で十分だと思うが、ボホール島のホテルでは、「これは夕飯なのでは？」と思える豪華なランチが提供された。品数といい量といい、結構なボリュームなのである。食後には果物まで出る。トレーニングに食事の豪華さは必要ないのではないか。ボホール島でのトレーニングのたびにこのような出費がかさんでは、トレーニングを続けられなくなるのではないかと心配になる。ビジネスにつなげるためにも、そこはシビアになる必要があった。

そこで、Ｒさんにもう少し質素な食事にしてもらいコストを下げられないかと相談してみた。彼女いわく、「パッケージでひとり８００ペソなので、メニューを減らすなど食事のみの調整は難しい。宿泊費も込みなので、場所だけ借りるというのも無理」とのこと。また、「お昼にサンドイッチだけでは誰も満足しない。フィリピン人の食事はご飯とおかずが必須」と文化の違いについても説明してくれたが、正直豪華すぎる食事に納得するのは難しかった。

後から知ったのだが、フィリピン人は白米が大好きでよく食べる。女性でも日本のご飯茶碗で３杯分は食べるのではないか。セミナーなどが食事付きで豪華なのは、参加するとおいしいものが食べられますよと、言い方は悪いが食事で人を釣るという意味合いもあるのかもしれない。

1回限りならまだしも、継続していく必要があるので、出費をおさえる方法を考えないといけない。たとえば、アパートのような場所を借り、食事は街の食堂からテイクアウトすればいいのではないか。一堂に会すのが無理なら、住んでいる地域別に3つ程度のグループ分けをし、各々のグループにリーダーをひとり決め、リーダーと連絡を取り合って進めるというのはどうだろう。

いろいろと代案を考えてみるが、すぐに結論は出ない。私がボホール島の各コミュニティに行って教えられればいいのだが、その場合、ひとつのコミュニティで最低でも10名のトレーニーを集めてもらう必要がある。あちこちに移動し、その場所に数人しか参加者がいないとなると、労力的にも、時間的にも、金銭的にも効率が悪い。

当時の私は勉強不足だったのだが、後に日本には、国が推進している「創業助成金」という制度があることを知る。もしあの時に知っていたら資金面でもう少し余裕を持って行動できたに違いない。

ボホール島での1週間のトレーニングを終え、私は再びセブ島へ向かった。セブ島での第1回トレーニングは4日間では足りず、ボホール島から戻った後に、再開することになっていた。

セブ島のトレーニーにはひとつ目の課題を宿題にしていたが、編み終わっていた人は3名だけだった。「たった3人か……」。残念な気持ちだった。私がボホール島に行っている1週間の間に頑張って完成させ、笑顔で私に「できあがったよ。チェックして」と見せてくれる姿を期待していたが甘かった。

フィリピン人にはお金はほしいけれど何が何でも編み物の技術をマスターして頑張ろうという人は少ないのかもしれない。やる気を起こさせるには、モチベーションを上げる何かが必要だと思った。たとえば、合格点が出せるバッグを作ったら買い取って即工賃を払う方法がいいのではないか。お金を手にしたら仕事に対するモチベーションは上がるはずだ。技術の習得までに思った以上に時間がかかりそうな現状を考えるとすぐには難しいけれど、早くもそんなことを考える。

セブ島で再開したトレーニングの最終日には、11名のトレーニーが参加した。最後の日ということで、持ち手の付け方、第2課題のモチーフの編み方、つなぎ方、アイロンの掛け方など、教えられるだけのことを教える。

そして、ひとつ目の課題が終わらなかった人にはそれを仕上げておくことと、2つ目の課題のモチーフの編み方とつなぎ方をマスターしておくこと。これを彼女たちの宿題とした。私が次にフィリピンに来るまでの2カ月間、どれだけの人が真剣に取り組んでくれるのか、不安は残る。なぜなら、第2課題のモチーフの編み方を教えて理解できた人はたったのひとり。多少は理解できたと思える人が2、3人。残りの人たちはチンプンカンプンという様子だったからだ。これでは私がいなければモチーフは編めないだろう。まとまりが感じられないセブのトレーニーたちに、理解できた人がわからない人に教えてあげるという連携プレーは期待できそうにない。しかし、私は明日には帰国しなければならなかった。

私自身、試行錯誤だったため、あっという間の18日間だった。編み物をやったことのないフィリピン人に、日本で売れる商品を作るために、英語で編み物を教える。何もかもが初めての経験だ。疲れたけれど、まだまだ頑張れるような、心地よい疲労感だった。商品作りに関しては自分の考えの甘さを思い知らされたものの、初めてフィリピンの女性たちと数日間を一緒に過ごしたが、まったく違和感がなかった。フィリピンという異国の地に溶け込める実感を得られたことは大きな収穫だった。

習慣の違いを感じることは多々あったが、細かいことはまったくといっていいほど気にならず、「えっ」とびっくりすることがあっても、次の瞬間には「ふ〜ん、そうなんだ」と、何でも受け入れられる気がした。フィリピンの文化も習慣も、フィリピン人の国民性も、何ら予備知識のないまま渡比したが、追々知っていけばいいとのんきに構えていた。そんな私を、フィリピンもフィリピン人もおおらかに迎え入れてくれた。

トレーニーから「ありがとう」とお礼を言われ、記念写真を撮って握手をして別れる。セブ島でもボホール島でも、私からすればただ編み物を教えただけなのに、口々にお礼を言ってもらえる。こんな体験は初めてだった。人に必要とされ、喜ばれることが、自分が頑張るための原動力になることに気づかされた。

手ごたえを感じた反面、ものになるのはまだまだ先ということを痛感した。日本で売れるバッグが作れるようになるまでに、どれくらいの時間と資金が必要なのだろうか。結局、フィリピンに来ても、一度のトレーニングではまだ見当がつかなかった。

運命の出会い

セブ島に滞在中、何かとお世話になっているGさんのフェアトレードショップに、トレーニングが終わると必ず立ち寄った。1日の報告のついでに、スタッフとおしゃべりしたりもした。セブ島での宿はショップの近くのペンションハウス（ホテルより安い1泊

1500円程度の宿泊施設）に取り、行き来しやすいようにしていた。

そして、1回目のトレーニングで、今後の私の人生を左右する人とGさんのショップで出会ったのである。


ある日、トレーニングが終わりいつものようにショップに立ち寄ると、お店のスタッフに「サトミに話があるという人が待っている」と言われ、ひとりの女性を紹介された。

彼女はLucil（ルシル）といい、手作りのデリカシー（スナックなどのお菓子）をGさんのショップで委託販売してもらっていた。とくに彼女のおばあちゃん直伝のアンパオ（雷おこしのようなお菓子）は自信作とのことで、主にこのアンパオをショップで扱ってもらっているという。その日は、地元・カルカル市から商品を納めに来ていた。

スタッフが彼女に「フィリピンの女性に仕事を作るため、日本から編み物のトレーニングをしにサトミという人が来ている。できあがったバッグは日本で販売する予定で、トレーニングにかかる経費はすべてサトミが出してくれる」と説明したらしい。

ルシルは「自分が住んでいるカルカルにも仕事がほしい人がいるので、今度トレーニングに来てもらえないか」とショップのスタッフに相談し、私の帰りを待っていたという。

簡単な挨拶をした後、ルシルは言った。

「私の周りに働きたくても仕事がない女性がたくさんいます。彼女たちのために何か役に立つことがしたいとずっと思っていました。私がマネージして女性を集め、トレーニング会場も探しておくので、次にセブに来た時にはぜひカルカルにも来てください」

私は「はい、いいですよ。次回は2カ月後になると思うので、その時にカルカルにも行きましょう」と二つ返事で承諾した。カルカルがセブのどこに位置し、どんなところなのかも知らず、これまた深く考えることなく、いとも簡単に約束してしまった。

しかし、彼女との出会いが私の第2の人生を大きく前進させることになる。この時、すでにルシルとの縁がつながっていたのか、なぜか初めて会った時に彼女が着ていたワンピースの柄や、Gさんのフェアトレードショップのどこに立って私を待っていてくれたかまで鮮明に覚えている。

次の渡比は2カ月後。カルカル市だけでなく、セブ市の近郊のラプラプ市にも編み物の技術を習得したい人がいると聞き、今回は空港のあるラプラプ市に集会場のような場所を借りた。1回目に参加してくれたセブ市のトレーニーたちも一緒に、ここで合同トレーニングを開催することにした。

1回目の参加者には宿題を出していたのだが、嬉しいことに第1課題を編み終えている人が何人かいたので、まずはそれらのバッグをチェックする。パッと見はよくできている印象だが、細部まで見ると、ポケットがしっかり付いていなかったり曲がっていたり、持ち手の前と後ろの長さが微妙に違っていたり、付ける位置が等間隔でなかったり、商品としての完成度は低い。

とはいえ、まだ2回目である。その都度、注意をすることで、トレーニーたちは気を付けるようになるだろう。最初はそう思っていたが、そんなに甘くはなかった。その後も彼女たちは同じ間違いを何度も繰り返すことになる。

当初は「私の教え方が悪いのだろうか。お互いに母国語ではない英語でのやりとりなので、多少てこずるのは仕方がない。でも、それだけが理由なのだろうか。言葉以外に問題があるとしたら何なのか。何度もこうしてほしいと説明しているのに理解してもらえない。どうしたらいいのだろう……」と自己嫌悪に陥ったものである。

結局いつも、たくさん編んで体に染み込ませるしかないという結論に行き着く。仕事とはいえ、彼女たちには編むことを好きになってもらいたい。あまりうるさく言い過ぎると編む楽しさを知る前にギブアップしてしまいかねない。そんな悩みを抱える時期が続いた。

不安な思いに輪をかけるようにフェアトレードショップのスタッフから、Gさんが「サトミが今やっていることは無駄な投資なのではないか。できあがったバッグの販売先はあるのかと心配している」と聞かされる。痛いところを突かれたようで、さらに落ち込む。

25年間、小売業をしてきたので、販売先の開拓に不安はあまりなかった。しかし、販売する商品が完成しないことには始まらない。そして、それまでに要する時間の見当も相変わらずつかないままだ。

Gさんが言った「無駄な投資」という言葉が重く心にのしかかる。でも、まだ2回目のトレーニングじゃないか、たった2回教えただけで日本で売れる商品が作れたら誰も苦労はしない。まだ始まったばかりだ。可能性は無限にある。前を向いていこうと自分を勇気づける。

基本的に私はポジティブな人間だ。辛いことや悲しいことがあっても楽しいことを考えて気持ちを奮い立たせる。この時の私は不安を吹き飛ばすように、フィリピンの女性たちが作ったバッグのブランド名兼会社名を考えてみることにした。ブランド名を考えるのは夢があって楽しいことだ。

いくらなんでもはまだ早過ぎるかもしれないと思いながらも、私は現地の言葉、タガログ語かビサヤ語のブランド名にしたいと思った。そうと決まれば、ここはお世話になっているGさんに名付け親になってもらおう。Gさんには無駄な投資と心配されているけれど、思い切ってお願いしてみることにした。

Gさんは心配する素振りを見せずに、快く引き受けてくれた。そして、3つの候補を提案してくれた。「光」「ハンドメイド」「一緒」などを意味する、明るくてポジティブなことばだ。

1つ目は「Lamdag（ラムダグ）」。意味は「give brightness」
2つ目は「Sulsi（スルシイ）」。意味は「handmade sewing」
3つ目は「Duyog（ドゥヨグ）」。意味は「together」
私の直感では1つ目の「Lagdag」が意味も響きもいいと思ったが、いずれトレーニーたちに聞いてから決めることにした。

セブグループのトレーニング後、ルシルとの約束を果たすために、彼女のホームタウン・カルカル市へ向かう。セブ市から南へバスに揺られること約2時間。こんなに長時間バスに乗ったのはいつ以来だろうか。セブ島は電車が走っていないので、郊外に行くにはバスが主な交通手段となる。ごちゃごちゃしているセブ市とは違い、カルカルには高いビルがない。市内にはショッピングモールなどもあるが、道沿いには緑が多いという印象だった。
ルシルが借りてくれたトレーニング会場・バランガイホール（区民館のような場所）のテラスにはすでにトレーニーが集まっており、すべての準備が整っていた。トレーニーたちも今までで一番多い20名ほどが集まってくれた。さらにはこれまでのトレーニーたちには感じなかった、「編むのが待ちきれない」というような温かい熱意のようなものを感じる。目がイキイキしているのだ。しかも、市会議員まで列席して、町ぐるみで「あなたを待っていました」と歓迎される。

トレーニングを始める前に、まずはみんなで国家を歌い、お祈りをした。それから4名の市会議員が次々にマイクを持って挨拶を始めた。当然私にもマイクが回ってくる。市会議員たちが挨拶している間に、頭の中で英文を組み立ててはみたものの、「みなさんとお会いできるのを心待ちにしていました。今日から1週間、一緒に楽しく編み物をしたいと思いますので、よろしくお願いします」とありきたりのことしか言えなかった。こういう時に気の利いた言葉のひとつや2つ、パパッと英語で言えるようになりたいものだ。

カルカルのトレーニーたちにも、ほかで教えたようにかぎ針の持ち方から、編み図の記号の見方、編み方などをひと通り説明し、実際に編んで見せる。まずは第1課題である真っ直ぐに編む練習だ。最初の印象通り、トレーニーたちは真面目で積極的で、覚えが早い。しかも和気あいあいとしていてまとまりがいい。とても教え甲斐のあるトレーニーたちだ。

お昼はルシルに頼んでご飯に焼き魚、副菜には野菜と肉を炒めたものやフライドポテトなどを作ってもらう。おやつはショッピングモールでビスケットと飲み物を買ってきた。ルシルは料理が上手でトレーニーたちにも彼女の料理は好評であった。

初日のトレーニングが終わり、ルシルが予約してくれたゲストハウスにチェックインする。これから1週間お世話になるこのゲストハウスには、シャワーもついているし、冷蔵庫も備え付けられていたので自炊も可能だ。

オーナーのEさんはペンションハウスやゲストハウスなど、数軒の宿泊施設を経営していた。後に8年間お世話になる工房もEさんが所有するゲストハウスである。Eさんは以前、日本人と結婚していたこともあり、片言の日本語がしゃべれる。また、ルシルと一緒にトレーニング会場であるバランガイホールの準備を整えてくれたのは彼女の高校時代の友人Mさんだった。彼は高校中退者にこのバランガイホールで勉強を教えていた。教え子たちや知り合いに編み物のトレーニングがあるのでやってみないかと声をかけ、参加者集めにも協力してくれたという。

ゲストハウスのオーナーといい、ルシルの友人といい、カルカルのみんなが初対面の私を歓迎してくれた。誰もが親身になって私の話を聞いてくれるので心強く感じた。

とくにルシルとはいろいろな話をした。フィリピンのこと、セブのこと、仕事のこと、生活のこと、知らないことばかりだったので、私はルシルを質問攻めにした。何を聞いても彼女は的確に答えてくれ、アドバイスをくれる。正直、まだ知り合って間もない彼女のことは知らないに等しい。しかし、妙に馬が合うというか、話し始めると止まらず、気付くと午前様になっていることもしばしばだった。そんな時、彼女は私のゲストハウスに泊まっていくこともあった。初めて訪れたカルカルには、当然知っている人は誰もいなかったが、最初から不思議と居心地よく感じたのは、彼女のおかげだったのかもしれない。また、セブ市はビルばかりで絶えず車が走っており、騒がしい。都会とは違い緑の多いカルカルの田園風景も、私の心を落ち着かせてくれたのかもしれない。ゲストハウスからトレーニング会場に行く道中ではヤシの木やバナナの木が目を楽しませてくれる。その間をチャッピーで走るのは、とても気持ちがよかった。

「チャッピー」とは、庶民の足としてカルカルで一般的に利用されているバイクタクシーだ。セブ市などでは正式名称の「トライシクル」と呼ばれているが、カルカルではチャッピーというかわいらしい愛称で親しまれている。

ショッピングモールや市場の前には客待ちのチャッピーがいつも鈴なりに並んでいる。バイクの脇にサイドカーが取り付けられており、客はサイドカーに乗る。サイドカーの小さな座席は対面式になっていて、2名ずつ4名が乗れる（サイドカーだけでなく、バイクの後ろ座席に客を乗せることもある）。途中の道端で手を挙げている人が同じ方面に行くのであれば、知らない人でも相乗りする。

宿泊しているゲストハウスからトレーニング会場までは片道約15分で10ペソ（約20円）。毎朝、10ペソを握りしめ、トレーニング会場である「Valladolid Barangay Hall」を反復しながら（日本人にはValladolidが発音しづらい）、ゲストハウスの前で手を挙げてチャッピーを拾っていた。

最初の頃はチャッピーを拾うにも乗るにもドキドキしていたが、慣れればこんなに便利なものはない。安いうえに、どこへでもドアツードアで行ってくれる。短距離移動にはとても重宝する乗り物・チャッピーは便利で庶民の足というのも納得できる。


カルカルでのトレーニングは順調に進み、最終日を迎えた。どこのトレーニングでも、最終日にトレーニーに感想を聞くのが恒例になっているが、カルカルでも同様に聞いてみる。やはり、みな感謝の言葉を口にしてくれた。

「いろいろな編み方を学んで、早くたくさんのバッグを編めるようになりたいです」と、なかには感極まって泣き出すトレーニーもいた。そして「次はいつ来るの?」とみんなに聞かれる。編み物を教えるだけで、こんなにも感謝され、泣いてしまう人がいるなんて……。これまでのトレーニングでも、感謝の言葉をたくさん受け取ってきたが、カルカルでの経験は特別だった。セブ市でも「必要とされているのかもしれない」と感じてはいたが、何が何でも編み方をマスターして頑張ろうという意気込みをそこまで感じなかった。カルカルでは「絶対に必要とされている」という実感を得ることができた。

「どんなに時間がかかっても、腰を落ち着けて、フィリピンでバッグ作りをしていこう!」

本当の意味で覚悟を決めたのは、この時かもしれない。

カルカルでのトレーニング後、ボホール島にも2度目の訪問をした。今回のトレーニングもホテルでの合宿形式だ。新しい技術にもチャレンジしてもらったが、減らし目の編み方やとじ方など、教えることはまだまだある。

2回目の渡比では約1カ月近く滞在した。セブ島のセブ市、ラプラプ市、カルカル市、そしてボホール島への移動はさすがに疲れたが、1回目同様、心地よい疲れだった。

トレーニーたちとの静かなバトル

トレーニングも3回を過ぎると、休みがちなトレーニーがちらほらと出てきて、そのうち姿を見せなくなる。ギブアップしたのだろう。

何がいけなかったのか？　なぜ興味を持ってもらえなかったのか？　せっかく教えたのに、やっと少しずつ編めるようになったのにと、つい愚痴が出てしまう。途中から来なくなる人がいると悲しくなったが、それも仕方がないこと。一緒に頑張ってくれるトレーニーたちと時間を過ごしながらモノ作りをし、徐々に信頼関係を築いていくしかない。

トレーニーたちの技術は少しずつ向上しているとはいえ、日本で販売できるようになるにはまだ時間が必要だ。2年？　3年？　いや2、3年も日本とフィリピンの島々を行き来するのは、気力的にも体力的にも金銭的にも無理だろう。

私はフィリピン女性たちと一緒にゼロからモノ作りをしていくことに少なからず意義を見いだしていた。しかし、弱気になってしまう時もある。トレーニーたちの頑張る姿を見て、「誰かのためになるのならやっていけそう。誰かに必要とされている間はもう少し頑張ってみよう」そう覚悟を決めたかと思うと、「ものになるのかどうかもわからないし、ものになるとしてもまだ時間はかかる。費やす時間もお金もバカにならない。このまま続けるのは大変だ。考え直したほうがいいかもしれない」と思ったりもした。辞めるなら早いうちに、情が移る前に辞めたほうがいい。今なら辞めてもお互いにそれほど痛手はないはず。今まで習得した編み物の技術はこの先何かに役に立つかもしれないとでもいって終わりにしようか……。

だが、トレーニーたちは「次はどうすればいいの？」「この編み方はこれでいいの？」「やり直したからチェックして」と一生懸命に新しいことを覚えようとしている。私自身も本心では辞めるつもりなど毛頭なく、大変だからこそのやりがいを少なからず感じていたのだと思う。

相変わらず、トレーニーたちは同じ間違いを繰り返していた。編んでいるトレーニーの間を見て回り、よく間違える箇所は同じ説明を幾度となく繰り返す。日本人の感覚だと、一度言われたら同じ失敗を繰り返さないように次からは気をつけると思うのだが、彼女たちはそういった意識が低い。当然、間違えればほどいて編み直してもらい、形になってもまだ日本で販売できる品質でなければダメ出しする。

意地悪で編み直しをさせているわけではない。私もダメ出しはできれば避けたい。時間のロスだし、ラフィアは天然素材なので編んでほどいてを繰り返していると、ボサボサになってしまい、糸として使い物にならなくなる。

きちんと言われたことを守り、編み方が書いてある指示書を注意深く見て編めばいいことなのに、彼女たちにはそれができないのだ。「編み直すのは嫌でしょう。それなら指示書通りに進めよう。わかった？」と同意を求めつつ念を押すと、「Ｙｅｓ」と返事だけはいい。だが、やはり彼女たちは指示書を確認しながら編むことが苦手で、自己流で勝手に編んでしまう。勝手に編んだら見本と同じ形に仕上がるはずがないのに平気なのである。

当初、私はこういう彼女たちの思考回路がまったく理解できなかった。「ポケットは真ん中に付けてね」と言っても左右どちらかに寄っていたり、真っ直ぐに付けていなかったり、「モチーフはしっかり付けてね」と言っても軽く引っ張るだけで簡単に取れてしまったり、時にはバッグの前と後ろの持ち手の長さが違っていたり……。指示書通りに編まないために生じるミスは、数えあげればきりがない。モノ作りの「きほんのき」だと思うことも、できていない人が多い。

注意しても返事だけはいいのがフィリピンの女性の特性なのか、わかったと言いながら同じことを繰り返す。どんなに言葉を尽くして丁寧さを求めても、なかなかこちらの期待する仕事をしてくれない。

一度、あまりにもひどいトレーニーに言ったことがある。

「次回、私が言ったことがちゃんとできていなかったら、もうあなたのバッグのチェックはしないからね」

言ってしまった後に、少し言い過ぎたかなと思ったものの、当の本人はケロッとしている。そしてまた同じことを繰り返す。口を酸っぱくして言っているにもかかわらず毎回同じことをされると、時には「もう！　まったく！　いい加減にして！」と堪忍袋の緒が切れることもあった。

そんなやりとりを繰り返しながらよくよく観察してみると、どうやら彼女たちには指示書を見ながら何かを作るという経験がないことに気づく。慣れていないため、段数や目数など、ずらりと書かれた数字や編み図記号を見るのが苦痛のようだった。だから、指示書が手元にあってもそれを見ようともせず、まずは編める人に聞いてしまう。確かに、数字や記号は数学みたいで頭が痛いのはわからないでもないが、指示書を見て編めない限り、プロとしての道は開けない。

「目数を数えながら編んでね」と言えば「Ｙｅｓ」と答える。しかし、明らかにおかしな形ができあがっている。「目数は数えたの？」と聞けば「Ｙｅｓ」と言う。私は「ウソおっしゃい」と言いたいところを我慢して、こう対応するようにした。

「じゃあ、一緒に数えてみようか。１、２、３・・・・60、61、62、63、64。目数が多いね。間違っているね」

「あれ～、おかしいな」

「はい、ほどいてやり直してね」

内心、「あれ～じゃないだろ！」と突っ込みを入れながらも、そんな気持ちは顔には出さずにやんわりと、やり直しを促す。

こんなことの繰り返しでも、毎日編んでいれば段々と私の言っていることが理解できるようになってくる。編まないことには先に進まないし上手くはならない。それにやり直しをさせられるのなら、最初からきちんと編んだほうが時間のロスもないし、きれいに仕上がる。それがわかってきてからは、みな指示書を見る努力をするようになった。

名誉のためにいっておくが、現在はみな指示書を見ながら編めるようになった。ただ、今でも指示書が苦手な人は少なくない。そのため、すでに指示書を見る必要のない編み慣れたデザインのバッグは喜んで作るけれど、指示書を見ながらでないと進められない新商品のバッグ作りには消極的な編み子さんがいるのも事実だ。

今では私が直接注意をすることはほとんどなくなった。現地のスタッフが日本にバッグを送る前にチェックするシステムになったからだ。

フィリピン人の経済観念

ほぼ2カ月ごとに日本とフィリピンを定期的に行き来しては、宿題のバッグの仕上がりをチェックし、指導し、次に編んでもらう新しいバッグの要点を説明し、また指導し、再び宿題を出してから日本に帰国するという生活を繰り返していた。

次第にトレーニーたちの技術は進歩し、編み図の記号や指示書の理解も深まった。新しいデザインのバッグも、編み図を渡して要点を説明するだけで編めるトレーニーが増えてきた。教えるべきことはひと通り教えた。私は、そろそろ次の段階に進む時期だと考えた。

そこで、合格点をクリアしたトレーニーには工賃を支払うことにした。フェアトレードの指針を参考に、またセブ島とボホール島の国が定めた最低賃金も鑑みて、バッグ1個にかかる時間をデザイン別にいくつか割り出し、工賃を決める（詳細は第3章に譲る）。そして、買い取ったバッグは、ストックとしてとりあえず自宅に保管しておくようにした。

彼女たちは「トレーニー（trainee）」から「編み子さん（crocheter）」という立場になるが、トレーニングを始めた時からそうであるように、編み子さんになっても彼女たちを呼ぶ時は、ファーストネームかニックネームだ。

工賃を支払うようになって以来、これまで以上に編み子さんたちは頑張ってバッグ作りに勤しむようになった。私がフィリピンに行くと、編み子さんたちは作り溜めておいたバッグをチェックしてくれと持参してくる。パッと見はきれいに仕上がっていても、注意深く見ると細かいミスもあるのでひとつずつ丁寧にチェックする。チェックが終わらず次回に持ち越すことはできるだけ避けたかったので、夜中まで滞在先のゲストハウスでひとり黙々とチェックをすることもあった。

そして、合格点に達した編み子さんには、滞在最終日に工賃を手渡す。彼女たちは「Thank you ma'am」と言ってニコニコ顔で工賃を受け取る。そんな彼女たちの姿を見て、やっとここまできたかと感慨深い気持ちになった。

バッグの工賃を支払うようになってから、私は改めてフィリピンの経済事情を垣間見ることになった。

ある日のこと、バッグは預かったのに時間切れでチェックできずじまいになったことがある。２人の編み子さんが居残っていて、どうしたのだろうと思っていると、ルシルが私の耳元で囁く。

「○○は電気代を払わないといけなくて、□□は用事があって息子さんのいる島に行かなければならないので交通費が必要なの。今からバッグのチェックをして、すぐに工賃を払ってあげてくれる？」

私は二つ返事でＯＫした。○○さんと□□さんのバッグを急いでチェックし、工賃を支払った。彼女たちは、「今回はバッグをいくつ編んだから、これくらいの工賃が貰える」と、自分の仕事に対する対価を当てにするようになったのだ。日本ではなかなか言い出しにくいことだと思うが、私は正直に言ってもらえるほうがいいし、彼女たちは当たり前の要求をしているだけだ。

彼女たちの生活の厳しさを改めて想像すると、今後、バッグ作りを仕事として成立させる意義をさらに感じた。きちんと働けば、それに見合った対価が貰えることを、彼女たちが実感できるようなビジネスモデルを作り、継続していかなければいけない。

こんな出来事もあった。覚えが早く、きれいにバッグを編んでくれるCさんが来ていない。

「今日、Cさんはお休み？」とみんなに聞くと、Cさんの近所に住んでいる編み子さんが言った言葉に耳を疑った。

「Cさん、交通費がないから来られないみたいです」

「近所にお金を借りられる人もいないみたいです」

チャッピー代は、片道約30円だ。

「30円がないのか……。30円を貸せる人もいないんだ……。でも、30円を借りるって……」

30円の交通費も払えず、30円を貸せる人もいない、フィリピンとはそんなにも貧しい国なのか。

私はルシルにCさんへの前払いを提案してみるが、前金を払ってもその後来ないケースがあるので、やめたほうがいいといわれた。私は前金をほかの何かに使ってしまっても、それはそれで仕方がないと思った。しかし、ルシルが頑なに首を横に振るので、彼女に従うことにした。

結局、Cさんは途中で辞めてしまったのだが、縫製工場に職を見つけたと聞いて少し安心した。後で知ることになるのだが、フィリピン人は数十円でもよく貸し借りをする。国民性なのか、お金を借りることを恥じる人は少ないように思う。一度貸してしまうと、お金を持っている相手には何度も借りにやって来る。きりがないのだ。

また、こんなこともあった。ボホール島を訪問した時、滞在していたホテルのレセプションでアルバイトをしていた女性とおしゃべりする機会があった。彼女のおばあさんは日本人だが、ダバオ（ミンダナオ島の南部に位置する都市）で生まれ育ち、今年70歳になるという。そんなおばあさんの話やボホール島の観光地の話などを楽しく聞いていたのだが、彼女の仕事の話になった時、私は少なからず驚いた。

彼女は夕方6時から翌朝6時まで働いて120ペソの収入を得ているという。アルバイトとはいえ12時間働いて、それも夜間勤務で日本円にして240円だ。日本とは物価が違うとはいえ、さすがに240円はないだろう……。フィリピンでは、いまだに時給20円という仕事がある現実に驚きを隠せなかった。

私は「なぜ、そんなに安い賃金で働くの？」と彼女に聞いてみた。すると「何もしないよりはマシだから」という答えが返ってきた。「夜はそんなに忙しくないし、誰も来なければうたた寝をしていてもいい。何より少しでもお金が入ってくればそれでいい」と彼女はごくごく普通に答えた。

私は、心の中で「違うでしょう！」と思った。何かがおかしい。時給20円なんて、仕事があるなし以前の問題だ。フィリピンはこれが普通なのだろうか。国が決めた最低賃金を守っていないじゃないか。雇われる側はそんな理不尽な待遇にも慣れっこになっていて、少しでもお金が入ってくればいいと考えている。いや、理不尽という意識さえないのかもしれない。しかし、それではこの状況はいつまでたっても改善されない。

この話を聞いた時、私は女性たちが誇りを持って安心して働ける場所、女性たちの才能や持っている技術が発揮でき、当たり前の賃金で働けるような環境を作りたい。必ず作ってみせる。そんな思いがふつふつと湧きあがってきた。

私ひとりの力なんてちっぽけだ。しかし、できる範囲の中でひとりでも多くの女性を雇い、コンスタントに仕事を作って、できあがったバッグに見合った対価を支払う。高品質のバッグを作れば、それに見合った工賃が貰えるということを、フィリピンの女性たちに身をもって示してあげたい。心からそう思った。

フィリピンの小学校の授業を見学

少し話は戻るが、カルカルのトレーニーたちはスタートした時点から一生懸命にトレーニングに励んでいた。トレーニーの数が増え、徐々に顔ぶれが定まってきた頃、ルシルが最初に用意してくれたバランガイホールのテラスでは狭くなり、小学校の図書室を借りることにした。広い図書室にテーブルと椅子をいくつも並べ、そこがトレーニーたちの新たな作業場になった。

小学校の校長先生は女性で、「どうぞ、好きなように図書室を使ってください。働きたい女性は大勢いるのに、フィリピンには女性が働ける環境が少ない。仕事を作ってくれるなんて本当に有り難いことです」と言ってくれた。しかも、無料で図書室を貸してくれるという。アイロン掛けで電気を使わせてもらうこともあり、トレーニング最終日には使わせていただいたお礼として屑入れや足ふきマット、箒や塵取りなどを校長先生にお渡しした。これもルシルのアドバイスだ。

熱帯性気候であるフィリピンは年間を通して暑い国だが、大きく雨季と乾季に分かれている。雨季である6月から11月頃は、雲行きが怪しくなるとあっという間にザーッと雨が降り出す。バランガイホールのテラスでトレーニングをしていた時は、慌てて道具と指示書を抱え、雨の当たらない場所に一時的に避難しなくてはならなかった。小学校の図書室なら広いうえに、雨の心配もなくなる。こんな心配もフィリピンならではだ。

図書室の一角に舞台のようなものがあった。日本の学校の体育館にあるようなものだ。そのため最初、私はてっきり図書室を体育館だと思っていた。体育館と勘違いした理由はそれだけではない。驚いたことにこの図書室には本がないのである。部屋の隅に置いてあるガラスケースの中に分厚い辞書のような古い本が数冊あったが、図書室と呼ぶにはあまりにもお粗末だ。

カルカルには書店もないし、市営の図書館もない。子どもたちは本というものを知らずに大人になってしまうのか……。これは私にとってはものすごいショックだった。小学生の頃、私はワクワクしながら図書室へ行き、たくさんの本を借りて読んだ覚えがある。また、日本では子どもが寝る時に親が絵本を読んであげたり、小さな子どもの誕生日プレゼントに絵本を贈ったりすることもある。そのため、本はとても身近にあるものだと思っていた。

それからというもの、私は「フィリピンの女性たちにコンスタントに仕事を作り、正当な対価を支払う」ということに加え、「いつかフィリピンの子どもたちのために、小さな図書館を作りたい」と思うようになった。

カルカルでのトレーニング期間中、児童たちと同じように校門をくぐって学校に通うようになると、私はフィリピンの子どもたちの授業風景を見たくなった。早速、ルシルに「授業を見学したいのだけれど、可能かな？」とリクエストしてみる。ルシルはすぐに私の意向を伝えてくれ、学校側は快く見学を了承してくれた。小学校低学年の英語と数学（算数）

の授業を見学することになった。

見学当日、私は迷惑にならないよう、ひとりで静かにおずおずと「Hello!」と言って指定されたクラスに入って行く。すると「Hello! Hello!」と子どもたちの元気な声が返ってきたのですぐに緊張がほぐれた。

とにかくみな小さくてかわいい。小学校1年生の英語の授業では発音の練習をしており、先生の真似をしながら何度も繰り返し全員で復唱する。同じ発音の単語の絵が描いてあるカードを見ながらまた発音の練習。「口に出して言う」ことを重視した授業だ。こういう授業をしていたらきれいな発音で話せるようになるだろうと感じた。

続いて、単語をアルファベットで書く練習だ。低学年ということもあり、落ち着きのない子もいる。「おしゃべりはしないように」、「まだノートに書きなさいとは言っていないでしょう」と先生に注意される様は、どこの国でも同じだと微笑ましく見学した。その中に、とくに言うことを聞かない児童が2人いた。先生に「ここに立っていなさい」と言われ、黒板の前に立たされていたが、これも昔、日本にもよくあった光景だ。懐かしくて、私は思わず笑ってしまった。

英語のクラスを後にし、次は数学の授業の見学に向かった。またおずおずと教室に入っていく。子どもたちは足し算の練習をしていた。両手にアイスクリームのバー（教材用に薄く色が塗ってある）を何本ずつか持ち、元気に「右手に2本、左手に3本持ったら合計何本でしょう？　5本です」と楽しそうに歌っている。

教室を見渡すと、高学年に見える女の子がひとり、窮屈そうに椅子に座っていた。その子について、先生は私に教えてくれる。

「彼女は弱視でよく目が見えません。本来6年生になる年齢ですが、父親に学校に行かなくてもいいと言われてずっと通えませんでした。ようやく1年生から勉強を始めたんです」

そして、こう聞かれた。

「日本では、目に障害がある人たちは健常者と一緒に勉強はしないのでしょう?」

私は「日本には目の障害を補うために必要な知識や技能を習得させる盲学校というものがあります」と返答する。盲学校がある日本はとても恵まれている国であると今さらながらに感じ、何だか申し訳ないような気持にもなった。

子どもたちが使っている教科書を見ると、背表紙にセロテープを貼って補強しているお下がりで、もう何年も使っていることがわかる。また、みんな消しゴム付きの鉛筆1本を大事に使っている。金銭的な問題があるのだろうが、使えるものは使い続けるというのは立派なことだと思った。日本はいろいろな意味で恵まれていると再認識した授業見学であった。

この子どもたちのために、何かしてあげたい。いつかたくさんの本が収められた図書館を作り、子どもたちに本を読むことの楽しさや本の面白さを知ってもらいたいと心から思った。

ちなみにフィリピンは、公立校の義務教育期間の学費は無料だが、制服や学用品などは有償だ。

「スルシィ」のはじまり

カルカルのトレーニーが順調に増えていくのと反比例して、セブ市のトレーニーは少しずつ減っていった。当初から私がもっとも心配だったのがトレーニーの定着だった。トレーニングが続かなければプロの編み子さんも誕生しないからだ。

カルカルとボホール島では徐々に顔ぶれも定まり、基盤のようなものができていた。しかし、セブ市のトレーニーたちはまとまりがない。それを改善するために、カルカル市で、カルカルのトレーニーたちと一緒にトレーニングをしたこともあるが、やはり足並みは揃わなかった。

辞める人が増えたり休む人が多くなったりとトレーニーが集まらず、セブ市では会場を借りるのもままならなくなる。残念ながらセブ市のトレーニーたちとは心が通わず、そのうち誰が辞めたのか、続けているけど休んでいるだけなのか、実態を把握できなくなってしまった。

同時に、Gさんやフェアトレードショップスタッフのフォローも少なくなった。セブ市のトレーニングは、Gさんがすべて段取りをしてくれたことから始まったため、簡単に辞めるわけにはいかない。また、フェアトレードのビジネスにも明るいGさんの協力のもと、フィリピンでビジネスを進めていくことでコミッションを支払う約束にもなっていた。できればGさんとの間にもめごとは避けたかった。

そういった状況の中、Gさんは私がカルカルでのトレーニングに力を入れていることが気になりだしたようだ。またルシルと個人的に連絡を取り合って親しくしているのも面白くなかったのだろう。ある日、Gさんから話し合いを提案された。参加者はGさんとボホール島でトレーニングをした時のコーディネーターRさん、あとショップのスタッフがいたように思う。改まった感じの話し合いだったので、今後どのようにビジネスを進めていくかの相談かと思ったら、Gさんは突然、泣きながら言った。

「ある人に相談したら、サトミとは一緒に仕事をしないほうがいいと言われた。だからもうサトミとは一緒にできない」

内容うんぬん以前に、彼女が突然泣き出したことで呆気にとられてしまった私は、「はい、わかりました」と一言だけ返した。私とGさんは一対一で話し合ったこともなく、大切なことを何の前触れもなく突然泣きながら言うとはどういうことなのか。理由はいったい何なのか。まして従業員のスタッフもいる前で、Gさんがなぜ私にそんな伝え方をしたのか理解できなかった。

Gさんは「えっ、嘘でしょう、お願いだから一緒にやらせてください」という言葉を期待していたのだろうか。私の口から出てきたのは「わかった」の一言。Gさんもびっくりしたかもしれないが、とっさに出た言葉が私の本心だった。これまでのやりとりの中で腑に落ちないことが重なり、すでに私はGさんのショップスタッフやコーディネーターのRさんを信用できなくなっていたのだ。

そのためこれから先、一緒にビジネスをしていく自信が持てなかった。正直、どうしたものか悩みのタネにもなっていたので、断られてスッキリしたという気持ちがあったのも事実だ。ただ、お世話になったGさんとこんな別れ方をしていいのだろうか。でも、仕方がない。カルカル1本で頑張ってやっていこう、と気持ちを切り替えた。

ちなみに、カルカルでのトレーニングの拠点がバランガイホールのテラスから小学校の図書室に変わった頃、私はトレーニーたちに会社名兼ブランド名の相談をした。「Landag

「Lamdag（ラムダグ）」、「Sulsi（スルシィ）」、「Duyog」（ドゥヨグ）」の3つの案があり、私は「Lamdag」が気に入っていた。意味がよかったのと、「ダグ」で終わる言葉が日本語にあまりないので、耳に残って覚えてもらいやすいと思ったのだ。

トレーニーたちに「いいと思う名前に挙手して」と言って、ひとつずつ読み上げる。

「Lamdag」。あまり手が上がらない。ちょっとがっかりする。

「Sulsi」。ほとんどの人が手をあげる。ほう、なるほど。

「Duyog」。まったく手が上がらない。やっぱり。

「Sulsi」がダントツで一番だった。「そうか、みんなSulsiがいいのか、スルシィか……」。改めてみんなに「スルシィがいいの？」と訊ねる。ほとんどのトレーニーが「Ｙｅｓ！」と答えた。

「みんながそれほど気に入ったのなら『スルシィ』に決めた！」

私は彼女たちの思いを受け入れ、会社名兼ブランド名は「スルシィ」になった。こんなに簡単にブランド名を決めていいのかと思う人もいるかもしれないが、私は迷うことなく、次の瞬間には「スルシィにするとしても、スペルはどうしよう」と、スルシィと発音できるアルファベットを並べていた。

Sulsi、Sulsy、Sulcy、Sulci。

フランス語の「merci（ありがとう）」の最後の発音「ci」の切れがいいから「Sulci」にしよう。これについては誰に相談することもなく、いとも簡単に会社名兼ブランド名は「SULCI（Sulci）」となったのである。

「Sulci」はGさんにお願いして提案してもらった名前のひとつだ。Gさんはフィリピンの女性たちと私をつないでくれた人でもある。残念な終わり方をしてしまったことに申し訳ない気持ちはあったが、これも仕方のないことだと思う。

Gさんとはご縁がなくなってしまったが、お世話になった事実は何ら変わらない。感謝の気持ちを直接伝えることはできないけれど、これからも「Sulci」という会社を潰さずに、フィリピン人の役に立ち続けていくことが、彼女への恩返しだと思っている。

Gさんには頼れなくなった。私はビジネスの地盤のないフィリピンで、自分の力でビジネスを展開していかなければならない。

トレーニング形式をやめて工賃を支払うようになった頃、そろそろ日本で販売する準備に取りかかる決断をする。そのために、日本で会社を設立することにした。一生懸命にバッグを編み、何の疑いもなく私を待っていてくれる編み子さんには、すでに責任を感じていた。もう後戻りはできない。

自分を追い込むために、自分のやりたいことを達成するために、そして何よりもフィリピンの編み子さんたちの未来のために、私は２０１１年11月、日本で「株式会社スルシィ」を設立した。

そして、セブ島にも拠点を構えることに決めた。滞在中にチェックが終わらなかったバッグや在庫のラフィア糸を保管する場所、バッグ作りの必需品であるスチームアイロンや糸を計るスケールなども買い揃えたため、これらの材料や道具を置く場所も必要になった。

そこで、カルカルに工房として小さな家を借りることにした。カルカルでトレーニングを始めてから、私はカルカルを訪れるたびに必ず同じ家を短期間借りていた。庭もテラスもある家で、とても気に入っていた。その家を短期間の宿泊先としてではなく賃貸契約をして借りることにしたのだ。室内は狭いがテラスや庭にテーブルを出せば、編み子さんたちも気持ちよく仕事ができるのではないか。

もちろん、会社を登記することにも、異国に工房として家を借りることにも、不安がなかったわけではない。会社を立ち上げたはいいがビジネスとしてやっていけるのか、家賃を払っていけるのか、当然、そんな心配が頭をよぎる。

しかし、やはりそこが私の性分なのだろう。結局は「悩んでも仕方がない。どうなるかはやってみなくてはわからない。やらないで後悔するよりは、やって後悔したほうがマシだ」という結論に行き着く。もし、続けていけなくなれば会社を閉じればいいし（会社を閉じるのもそう簡単なことではないが……）、上手くいかなければ賃貸契約を解約すればいいだけのことだ。

こうして、「スルシィ」は日本とセブ島のカルカル市、そしてボホール島で、本格的に動き出したのである。

第3章

スルシィ、10年の軌跡

工賃を定め、トレーニーから編み子さんへ

セブ島のカルカル市に工房として借りた小さな一軒家は、ラフィア糸やできあがったバッグを置いておく場所であるのと同時に、編み子さんたちが集える場になればと思っていた。わからないところを聞きにきたり、バッグのアイロン掛けにきたり、工房へ行けば誰かがいて、一緒に編むこともできる。編み子さんたちにとって安心できる場所だ。そして、思い描いていた場になるまでにたいして時間はかからなかった。

私が滞在する際の宿泊場所でもあった一軒家は、寝室とリビングルーム、小さなダイニングキッチン、シャワーとトイレ、これだけしかない本当に小さな家だった。ちょっと狭いのが難点ではあったが、幹線道路に面した便利な場所にあるにもかかわらず、門から庭を通った先に玄関があり、騒音もひどくない。

もともと、私がセブ島に滞在する際の宿泊場所としていたこの一軒家を、工房として借りる決め手になったのは、庭とテラスがあったことだ。室内は狭くても、編み子さんたちはテラスにテーブルを出してそこで編み物ができるし、クリスマスパーティーなどのイベントを開催する時もテラスを使えると思った。

私もセブ島へ行くたびに宿を探さなくてもよくなり、第2の我が家として腰を落ち着けて過ごせる。それも工房を借りた大きな理由だった。洋服や日常生活で使うもの、食べ物や日本料理に欠かせないお醤油などの調味料もいちいち日本から持って行ったり、その都度現地で調達したりすることなく冷蔵庫に保管しておける。日本とあまり変わらない生活ができるのもいい。後述するが、この後、カルカル市に自前の工房を建てるまでの約8年間、この小さな一軒家には大変お世話になることになる。

この工房の門塀は、開く時にギギギーと擦れる音がする。この音は誰かが来た合図。カーテンの隙間から覗き、「早いなぁ。もう○○が来た」と急いで身支度をする。フィリピンのお母さんたち（編み子さんたち）は働き者で朝が早い。

こうしてセブ島で工房を借り、スルシィは第一歩を踏み出したのである。

第2章でも編み子さんたちの工賃について簡単に触れているが、本格的にスルシィとして歩み出すにあたり、明確に工賃を設定する必要があった。

これまでは直しが多かったり、編み方が自分のものになっていなかったり、数をこなせていなかったりしたため、トレーニーという位置付けで、見習いとしての工賃を支払っていた。これからプロの編み子さんとして働いてもらうには、まずは明確な工賃を決めなければならない。編み方、寸法、トリミングなど、スルシィが決めた基準をパスした編み子さんには、バッグごとに決めた工賃を支払う。そういったやり方になれば、編み子さんたちもやり直しの時間の無駄を避けるためにきちんと編もうと思うはずだ。また、このバッグとこのバッグを編んだらいくら貰えると、金銭的な予定も立てられるようになる。工賃明細がはっきりしていたほうが、編み子さんたちは仕事がしやすいし、頑張れるのではないか。

そこで、工賃を決めるためのスピードテストをすることにした。大きさの違うもの、モチーフが付いていたり模様編みが入っていたり手間のかかるもの、比較的簡単に編めるものなど、作業時間が異なるデザインのバッグを5つ選び、完成までの時間を計るのである。ひとつ編むのにどのくらい時間がかかるのか、途中、中断した時間も記録しながら計測した。

そうして導き出したバッグごとの作業時間とセブ島の最低賃金を元に、マネージャーであるLucil（ルシル）と相談しながら一つひとつのバッグの工賃を決めていく。代表的な5つのバッグの制作時間がわかれば、その他のバッグは形が違ってもだいたいこのバッグと同じ程度の時間を要するということが判断できる。現在も、新たなデザインのバッグの工賃はこのようにいくつかの代表的なバッグの工賃によってカテゴライズしている。

編み子さんたちに支払う工賃が決まった。次はどの編み子さんにどの柄をどの程度発注するかである。私は「この柄は一般受けするので売れるだろう」とか「このデザインはかわいいけれど買う人を選ぶだろう」など、デザインごとに大体の制作数を予想し、ルシルに発注する。編み子さんの技術と作れるペースを考慮しながら個々に発注をするのだが、そこはルシルの判断に任せた。

実際に、コンスタントに編むことで、編み子さんたちは少しずつ変わっていった。スルシィできちんと仕事をすることでほかよりも高い賃金を得られることがわかり、「どうせ編むならやり直しをさせられないようにきれいに編もう」「時間の無駄は避けよう」という意識も出てきた。いくつ編めばこのくらいの収入になると予想がつくようになったことで、途中で辞める人が少なくなった。全体的にまとまりも出てきて、編み子さんたちの中で気の合うグループもできあがってくる。

私自身も、○○と△△はよく一緒にいるから仲がいいのだなとか、お調子者でよく人を笑わせる人、真面目な人など、編み子さんの性格もよりわかるようになっていった。そして何よりも、みんなが和気あいあいとバッグを編む様子を見るのは、とても幸せだった。

「きちんと仕事をしたら、きちんと支払う」とは、この3つを守ることだ。

◆バッグごとに決めた通りに工賃を支払う。
◆支払日を決めたら遅れることなくその日に支払う。

◆仕事が途切れないようにコンスタントに発注する。

これらを守らなければ、編み子さんたちもスルシィで働きたいとは思わないだろうし、お互い都合のいい時だけ雇ったり働いたりでは、継続的な雇用にはつながらない。

編み子さんたちへの工賃が決まったことで、セブ島のカルカル市の工房とボホール島で、本格的なバッグの生産が始まった。

ブランディングとデビュー展

少しずつ商品として販売できるバッグが増えてきた。スタッフの手によって品質検査（ＱＣ／Quality Control）をパスしたバッグが工房の棚に積み重ねられていく。

バッグを日本で販売するにあたって、一番の基本である価格設定を考える。編み子さんに支払うバッグの工賃はすでに決まったので、それに、ラフィア糸代、編み子さんへの諸雑費、日本への運送費、税金などをプラスして原価を割り出す。

原価から日本での販売価格が見えてくると、果たしてこの値段で売れるのだろうか、高くはないだろうか、この価格だとどこで売ればいいのだろうかなど、急に現実味を帯びてくる。販路を開拓し、販売まで漕ぎ着けるのはそう簡単ではなさそうだ。先行きに不安を覚えるが、もう後戻りはできない。編み子さんたちが一生懸命に編む姿を見ている私が、途中で投げ出すわけにはいかない。みんなの頑張りに応えるためには、私も頑張って日本での販売先を開拓し、それなりに売れるよう動かなければならない。

そこで、どうバッグを売っていくのか、ブランディングを考えることにした。会社名兼ブランド名は「スルシィ」で決定していたので、次は社名を表すロゴマークの制作だ。友人のデザイナーに依頼することにしたが、私からは「エンブレムのようなマークを入れてほしい。色は黒じゃないほうがいい。もちろんオシャレなもの」とだけ伝えた。

なぜラフィアバッグのロゴマークに、エンブレムのようなものを入れたかったのか。それは、ラフィアバッグを作品と思ってもらいたいという思いからだ。エンブレムには格調の高いイメージがある（イギリスかぶれなのか）。きっといいデザインができあがってくるに違いない。あとは友人のデザイナーを信頼するのみだ。

デザイナーからは3パターンのロゴマークがあがってきた。その中から、私は迷うこともなく直感的に「これ！」とひとつのロゴマークを選ぶ。それが現在のスルシィのロゴマークである。赤い色や字体が気に入り、変更することなく10年間使い続けている。

一度見たら忘れられないロゴマークのようで、名刺交換をする時に「素敵なロゴマークですね」と言われることが多い。エンブレムのようなマークは、冠のようでもあり、カボチャのようにも見えてユーモアもある。ロゴマークを制作してもらった当時、フィリピン人の大半がクリスチャンということを知らなかったのだが、冠の上には十字架が添えられている。ある友人に「ＳｕｌｃｉのＳの字体は、書き出しと終わりがくるんとしていて糸を表しているのね」と言われたことがある。なるほどと思ったが、デザインしてくれた友人に確認していないので真偽のほどはわからない。

ロゴマークの次は、バッグに付けるタグに取りかかった。デザイナーと話し合う。ありふれた小さな四角いタグではなく、いっそのこと「これでもか！」というくらい大きくしようと考えた。

結果的に直径18センチの大きな丸いタグを付けることにした。タグにはスルシィのポリシーを書き、誰がそのバッグを編んだのかがわかるように編み子さんのサインを入れる。裏面はハガキ仕様にしてバッグを買った方が生産者である編み子さんにお便りを書けるようにした。買ってくださったお客さまの負担をなくすことと、多くの返信を期待して、切手を貼らずに投函できる料金受取人払い仕様にし、事務所に届くようにする。

タグにサインをすることは、編み子さんにとっては自分で編んだバッグに責任を持つことにつながり、お客さまにとっては生産者の見える化につながる。そして、スルシィのホームページに編み子さんのプロフィールを掲載すれば、より親しみが湧くのではないか。

タグのほかにも、スルシィのマスコット的なデザインのチャームをつけることにした。お母さん（編み子さん）がバッグを編むことで、子どもの教育にも目がいき届き、子どもにとっても未来がありますようにという思いを込めて、ラフィアで編んだワンピースを着たおさげの女の子のモチーフにした。

ロゴマーク、バッグに付ける大きな丸いタグ、チャームなど、最低限のブランディングが決まった。デザインから印刷会社への手配まで、バタバタとやるべきことを片付けていく。


そして、次に取り組んだのは、もっとも肝心な販路の開拓だ。どこで、どのような形で、ラフィアバッグを売りたいのか？　スルシィを知ってもらうにはどうしたらいいのか？

多くの人にスルシィを知ってもらうには不特定多数の人が集まる百貨店で販売してみたい。そして反応を見てみたいと思った。百貨店に知り合いはいない。まずは百貨店の代表番号に電話をし、商品の説明をして、どこかの売り場で販売させてもらえないかと連絡をしてみるしかないのか。しかし、きちんと担当者につないでもらえるだろうか、門前払いをされてしまうのではないか。そんな考えが湧いてきて、二の足を踏む。

そんな時に友人が三越恵比寿店のバイヤーを紹介してくれた。トントン拍子に話が進み2012年6月、三越恵比寿店でスルシィバッグのデビュー展を開催することになった。そうと決まれば、急に慌ただしくなる。デビュー展までにスルシィのホームページを完成させたいと、これまたWebデザインをしている友人にホームページの制作を依頼。私は本当に友人に恵まれていると思う。こういう時にすぐに協力してくれる友人たちには感謝している。

Webデザイナーの友人と打ち合わせをし、商品の撮影やテキスト書きと、休む暇もなく作業を進める。そして、デビュー展のDMを作り印刷して発送。デビュー展の主役であるたくさんのラフィアバッグがセブ島から海外宅急便で届き、値札付けなどをして、ようやく準備は完了した。

1週間におよぶ三越恵比寿店でのデビュー展が始まった。お客さまの反応が気になるものの、その多くは知り合いの方や友人だったので、ご祝儀という意味でバッグを買ってくださった方も多かったと思う。前職を辞めた時に、「今度は何をするの？」と聞かれても答えられなかったので、今やっていること、これからやっていこうとしていることを、お世話になった方々に見せることができて本当によかった。

手ごたえを感じることができたデビュー展によって、スルシィはいいスタートを切れたと思う。

販路の開拓

何をするにもひとりではできないので人手を確保する必要があった。友人の紹介ですぐにアルバイトも決まったが、彼女はまだ右も左もわからないなか、いろいろな面でサポートしてくれた。秘書的役割も担ってくれ、何をやるにも本当に心強い存在だった。

いいスタートを切れたとはいえ、三越恵比寿店での販売は期間限定である。多くの人に知ってもらうためには、これからどのようにして継続的にラフィアバッグを販売すればいいのか悩んでいた。展示会に出展する方法がいいのか、セレクトショップに営業する方法がいいのか、Ｗｅｂショップに力を入れて販売する方法がいいのか……。

同時に、デザインもさることながら、お客さまに品質のいいバッグを提供し続けるには、編み子さんたちの技術のレベルアップが欠かせない。どうしたものかと考えてはみるものの行動に移せないいますぐに秋になってしまい、相変わらずセブ島と日本の行き来を繰り返していた。

家ではバッグの新商品のサンプルを編み、こんなデザインのバッグを作りたい、ああいうデザインも編みたいと、次から次にデザインが思い浮かび、デザインを考えるだけでも幸せだった。できあがりをイメージしながら編む時間は至福の時。早くできあがりが見たい一心で、相変わらず寝る時間も惜しんでサンプル作りに精を出していた。サンプルを作ってみたものの、販売するにはイマイチ完成度が低いと感じるバッグは友人にプレゼントし、代わりにモニターになってもらい使い勝手などをフィードバックしてもらった。

やはり百貨店で販売したかった私は、百貨店のバイヤーにバッグを見てもらうには、展示会に出展するのが近道なのではないかと考えた。そんな時、友人が展示会に出展してみないかと誘ってくれる。そして2012年の秋、友人と一緒に2つの展示会に出展することになった。友人と一緒ということもあり、難しく考えずにまずは様子を見てみようと軽い気持ちで出展することができた。ひとつのブースを友人とシェアすることが可能だったので、出展料も半分になり金銭面での負担も半減された。過去の経験から展示会の存在は知っていたが、小さな規模の展示会や、手作りの作品、オシャレな雑貨に特化した展示会、エシカルに力を入れているブランドが出展する展示会などもあることを知る。

有り難いことに最初の展示会への出展で、OEMの依頼が舞い込んだ。OEMとは、Original Equipment Manufacturing の略で、相手先のブランド名で販売される完成品や半成品の受注生産を行うことである。天然素材を使った手作りの商品を自社ブランドとして制作・販売したいというメーカーがあるのだ。展示会に出展したことで、こういった需要もあることに手ごたえを感じた。

現在でも毎シーズン、有名ブランドからＯＥＭの注文をいただいている。それだけでも有り難いことであるが、この依頼の利点はいくつかある。日本のシーズンが終わった後の閑散期に制作ができることや、今世間ではどのようなデザインのバッグの需要があるのか、流行りの動向を知ることができる点だ。技術やデザインもいろいろと勉強させてもらえる。そのうえで発注者の意図を汲み取り、いかに相手の意に沿ったデザインの商品を作るか、スルシィの腕の見せどころでもある。

ＯＥＭはアドバイスも含め、相手が欲しているデザインを忠実に商品化することが第一である。相手の要望に応えられる技術力が不可欠であり、丁寧な商品作りや納期を守るのは当然のことだ。そういった管理を徹底し、「スルシィに頼んでよかった」と思ってもらえるモノ作りを心がけている。

展示会に出展したことで、ＯＥＭのみならず、もっとも期待していた百貨店での販売が決まった。また、通販会社からオファーがきたりと、にわかに忙しくなっていく。なかでも嬉しかったのは、２０１３年に日本橋三越本店での「Pop-up Store（百貨店で期間を決めて販売すること）」が決まったことだ。しかも長丁場で、場所は1階正面入り口から入ってすぐの一番人目につくバッグ売場だ。スペースもかなり広い。会社を設立してまだ間もなく、有名なブランドでもない。それどころかスルシィを知っている人などほとんどいないにもかかわらず、海外のハイエンドなバッグブランドと隣同士で販売ができる。

私は早速、編み子さんたちを工房に集めてもらい、オンラインで「東京の有名な百貨店でみんなのバッグが販売されるのよ」と説明した。自分の編んだバッグが東京の一流百貨店に並ぶことが信じられないと、編み子さんたちは目をキラキラさせてはしゃいでいた。彼女たちの自信につながったと思う。一流の百貨店に並べてもスルシィのラフィアバッグはほかのバッグと遜色のないレベルと太鼓判を押してもらったようで、私自身の自信にもなった。

新聞の折り込み広告にもスルシィのバッグを載せていただき、本当に夢のような販路の開拓ができた。その時のバイヤーさんには感謝の気持ちでいっぱいである。

その後も、Pop-up Store の依頼が舞い込んできて、日本橋三越本店を皮切りに、東京と大阪の主だった百貨店でも Pop-up Store が始まった。お客さまの反応を直接知ることができるいい機会であるためスタッフと売り場に立ち、大阪へ出張もする。お客さまの質問に応じたり、要望や素材のラフィアに関する簡単なヒアリングができたり、直にお客さまと会話ができたことは収穫であった。

有り難いことに営業をせずとも、毎年百貨店から依頼をいただき、今では Pop-up Store

が定番化した百貨店も多い。そしてお客さまの中には、「何年か前に買ったのよ」といってラフィアバッグを持って見せに来てくれる方もいる。ラフィアシーズンである5月中旬から8月中旬までの約3カ月間、全国の百貨店約20店舗で販売させていただいている。

声がかかれば新柄を揃え、売り場の立地、顧客層を考えて、販売することに全力投球する。毎年同じ百貨店でやらせていただくPop-up Storeでも、時期や天気などに売り上げが左右されることもある。また、百貨店は斜陽といわれようになって久しく、若い人はネットで買い物をするので百貨店には行かないという人もいる。しかし、スルシィは百貨店のような、オープンで誰もが訪れることのできる場を大切にしたいと考えている。百貨店は女性の生き方を変える多様な商品を提案することに意味があるのだ。

もちろん、販売先を百貨店だけに頼るのはよくない。近年は国内のＥＣはもちろん、海外のＥＣにも力を入れて販路を見いだしている。

良いことは重なるのか、２０１３年は販路の拡大ばかりでなく、ある出版社から編み物の本の出版依頼も舞い込んできた。２０１４年４月に『ラフィア風糸で編む夏バッグ』というタイトルで発刊された。

日本ではラフィア糸を入手することが難しいので、ラフィアで編んだ作品を紹介しても読者は同じものを作れない。そこで日本で市販されている素材で、ラフィア糸に似た風合いの糸で編んだバッグを紹介することにした。世の中にはこんなに編みやすい糸があったのか、と思うくらいその糸は編みやすかった。ほどく時もスムーズにほどけ、糸も割れないし絡まない。この時、ラフィア糸は天然素材ゆえ、硬くて編みづらいことを再認識した。そんなラフィア糸で一生懸命にバッグを編んでいる編み子さんは偉いと、これまた再認識。自分でデザインし、サンプルを編み、さらに本作りという貴重な体験をさせていただいた。掲載用のバッグ作りや本の構成を考えるのもとても楽しい作業であった。機会があれば、また編み物の本を制作してみたい。

ラフィアバッグの1年のサイクル

販売先が徐々に定着すると、1年を通してのローテーションが確立していく。前述したように、ラフィアバッグの主な販売期間は5月中旬から8月中旬である。ラフィアは夏素材なので、どうしても販売は夏の3カ月に集中してしまう。主に百貨店での Pop-up Store とEC販売だが、この3カ月間は本当に忙しい。百貨店での販売期間はたいてい1週間から2週間程度。販売の立ち上がり日はほとんどの百貨店が水曜日か木曜日なので、搬入日はその前日になる。つまり、搬入日、搬出日がほかの百貨店と重なってしまうのである。いつも販売を手伝ってくれる友人やアルバイトと上手くシフトを組み、単発でマネキンさんにもお世話になりながら、毎年この忙しい時期を乗り切っている。

終わってみれば、いつも3カ月はあっという間だ。夏が終わると日本での販売の閑散期に入るが、休みというわけにはいかない。現地では引き続き来シーズン用の定番バッグの制作が新たに始まる。私もOEMのサンプル制作の指示を出したり、次のシーズンのデザインを考えたり、シーズンが終わっても何だかんだと忙しい。ただ、時間の流れが夏ほど速くないので、自分のやりたいことができる閑散期も好きである。

夏の間、頑張ったご褒美に、9月か10月には仕事を忘れて友人と海外に出かけることも多い。出かけた国々で、美しいもの、きれいなもの、かわいいものを見てインプットする。日本では、カフェに座ってボーッと道行く人たちを眺めることはなかなかできない貧乏性だけれど、旅先では何時間でも眺めていられるから不思議だ。

頭を切り替えることのできるこういった時間が次シーズンのためには必要であり、海外でブラブラ歩いている時にインスピレーションが湧くこともよくある。こういった時間が本当に好きだ。

常日頃から、バッグのデザインを思いついた時には小さなメモ用紙にラフでササッと描く習慣がある。そうして描いたデザイン画が10年分も溜まっている。すごい枚数になっているが、それを時折見返すことがある。すぐにでも制作に取りかかりたいデザインもあるが、いつかはこんなものを作ってみたいと温めているデザインがほとんどだ。

作りたいバッグのデザインが固まってきたら、デザイン画（落書き程度のモノばかりだが）を元にまずは寸法を出してみる。デザインによってはできあがりが想像しやすいように、大きな紙に実寸でバッグの形を描いてみる。持ち手とのバランスも考えながらデザインが完成したら、現地に指示書を送る。

近年はデザイン画と寸法と要所要所の注意事項を伝えるだけで、サンプルメーカーの編み子さんがサンプルを編んでくれるまでになった。その技術たるやすごい進歩である。そして便利なもので、現地での制作過程を随時、画像や動画でチェックできるので、編み直しの指示も迅速にできる。

サンプル作りで説明が複雑なものは私が編むこともあるが、夏の繁忙期を過ぎて時間ができてからのこういったモノ作りは決して嫌いではない。こうして次シーズンの商品ができていくのである。

サンプルは編み子さんの誰もが作れるわけではなく、デザイン画を見ただけで形を作れる技術（ノウハウ）と経験が問われる。それには、いろいろなデザインのバッグを編み、こう編むとこういう形が作れるということを自分で会得するしかない。最初は編むのもぎこちなかった編み子さんが数をこなすうちに、デザイン画を見ただけでそれに近い形を編めるまでになるのだから、たいしたものである。

サンプルを作れる編み子さんはまだ5名しかいないが、技術的にも磨きがかかっている。スルシィはラフィアで編めないモノはないと公言しているが、それがひとつの強みでもある。今後、もっと多くのサンプルメーカーが育つことを期待している。

フィリピンの給与事情

カルカルに借りた一軒家も段々と工房らしくなってきた。編み子さんたちは自分が働いているのは「スルシィ」という自覚が芽生え始め、家と工房を当たり前のように行き来するようになる。工房が一番賑やかなのは、月2回の給料日だ。

なぜ、給料日が月2回もあるのか。そこにはフィリピン人の国民性が影響している。フィリピン人はお金があるとすぐ使ってしまうので、月1回の給料日では1カ月もたないのだ。

そこで、月2回に分けることで、せめて2週間は持たせてくださいという配慮である。スルシィに限らず、フィリピンでは給料日が月2回という会社が多く、大手企業以外は手渡しだ。ほとんどの人が銀行口座を持っておらず、また口座に入れておくだけのお金もないからだ。

すぐに給料を使ってしまう人が多かったため、スルシィでは一時期、月3回の給料日を設けたことがあった。つまり、10日に1回の給料日だ。だが、これでは絶えずお金を用意しておかなければならない状態で負担が大きすぎたため、月2回に戻した経緯がある。

多くのフィリピン人は、あればあるだけお金を使ってしまい、貯金はまったくしない。貯金という概念さえないのかもしれない。多くの日本人のように、漠然とした将来に対する不安のために生活を切り詰めて貯金をするほうがいいのか、それとも多くのフィリピン人のように、今を楽しんでお金を使ってしまうほうがいいのか。どちらがいいという正解はないが、案外フィリピン人の考え方も一理あるのかもしれないと思う。

月2回の給料日には、編み子さんたちは編みあがったバッグを持参し、バッグと引き換えに工賃を貰う。この日はみんながニコニコ笑顔だ。このバッグを編んだらいくら貰えるというのがすでにわかっているので、今回はこのくらいの工賃が貰えるとそろばんを弾いてくる。ひとつでも多く生産してお金にしたいと、工房に来てからもバッグを編み続けている編み子さんもいる。

ちなみに、以前は給料日にビスケットなどの簡単なおやつを出していたが、お菓子を貰うならその分をわずかではあるがキャッシュでほしいという意見が多く、今ではおやつ代と称してお金を支給している。

余談ではあるが、給料の明細は日本の仕切書に書いて編み子さんに渡している。仕切書には「――様」「品名」「数量」「単価」「合計」などの項目が書いてあり、漢字は読めないが日本の会社（スルシィ）から給料を貰っていると思えるのが嬉しいとのことで、ずっと日本の仕切書を使い続けている。

編み子さんたちが持参したバッグの品質検査を担当しているスタッフが、一つひとつ外観の目視や寸法の正確さ、間違っている箇所、トリミングのきれいさ、ポケットの位置や強度などをチェックする。それらをクリアし、合格点が出てはじめて工賃が支払われる。当然、修正点があれば、編み子さんに返してやり直してもらう。この段階では、工賃は支払われない。修正が面倒で工賃も貰えないと、ふくれっ面をする編み子さんもいるようだが、直すのが嫌なら最初からきちんと編めば済むことなので、そこは容赦はしない。

しかし、時々「これはチェックしたの？　よくパスできたこと」というレベルのバッグが日本に届くことがある。スルシィにとって、品質の向上は日々の課題である。そのためには、編み子さん一人ひとりがいいものを作ろうと肝に銘じてバッグ作りをするしかないのだ。

編み子さんは、スルシィのバッグの全柄を編むわけではない。このデザインのバッグはこの編み子さんというように、デザインを振り分けて編んでもらっている。編み子さんには、それぞれが得意とするバッグの形や編み慣れたバッグがあるからだ。その振り分けは現地のマネージャーに任せているのだが、もちろん編み子さんたちは指示書を見ればどんなバッグでも編める。技術的には何の問題もないので、たくさんの注文が入った場合には、普段はあまり編まないバッグを編んでもらうこともある。よく売れるデザインのバッグはそれだけ編む数も増えるので、売れ筋のバッグを編む編み子さんの数も必然的に多くなる。

1年も続けると、編み子さんが編めるバッグの種類も増えていく。スキルアップしていくなかで、現状をどう思っているのか、どんなことを思いながらスルシィでバッグ作りをしているかなど、一度全員に聞いてみたことがある。ルシルと相談しながら、質問事項を決めて、一人ひとりに個別で聞いてみる。

「どのようにしてスルシィを知ったのか」「なぜスルシィで働いているのか」「スルシィに何を望むのか」「スルシィで働く前は何をしていたのか」「スルシィで稼いだお金は何に使っているのか」「将来はどうしたいのか」

「なぜスルシィで働いているのか」という質問に対する答えは、「支払いがよい」がダントツだった。その他「コンスタントに仕事がありお金が入ってくる」「以前のようにお金の心配をしなくて済むようになった」「新しいデザインや編み方を学べる」などなど。なかには「バッグを編むことが生活の一部となっている」という答えもあった。

稼いだお金は電気代や子どものミルク代、子どもが学校で必要なものを買い揃えたり、毎日の食べ物を買ったりするとのこと。こういったことを編み子さんの口から直に聞くと、スルシィも少しは役に立っているということが実感できる。

ラフィアの原産地・ボホール島の地震

２０１３年10月、ラフィア糸の仕入れ先であるボホール島で大きな地震が発生した。なんと震源地は、編み子さんたちが住んでいるイナバンガという集落の近くだった。地震は想像以上に大きく、集落のほとんどの建物が崩れて瓦礫化した。一番被害の少なかった編み子さんの家でもキッチンだけしか残っていないというほど大きな地震であった。

ルシルがようやくボホール島の編み子さんと連絡が取れたのは、地震発生から数日後だった。彼女いわく、家を失った編み子さんたちのショックは計り知れなく、幸い亡くなった方はいなかったものの、余震が続くなかでのテント生活は不安で、何から手をつければいいのかわからない。この先どうしたらいいのかと打ちひしがれているという。

家は崩壊し、周りは瓦礫の山。何も残っていない悲惨な状況を聞き、私はいてもたってもいられなくなった。とりあえず、必要なものはお金と考え、編み子さんたちの家の再建に少しでも役に立てればという思いで、SNSを通じて一口2千円の募金を募ることにした。

そして、入っていた予定をキャンセルし、集まった募金を持ってボホール島の編み子さんたちのもとに飛ぶ。集まったお金で、お米、魚の缶詰、ラーメン、ビスケット、石鹸、シャンプーなどのRelief Goods（救援物資）を購入した。被害のなかった滞在先のホテルに編み子さんたちを呼び、彼女たちに手伝ってもらって、それぞれの物資を小分けしてナイロン袋に入れていく。集落には115世帯が住んでいるという。不安で気落ちしている村の人たちに少しでも元気になってもらえればという思いで、全世帯に救援物資を配ることにした。編み子さんたちには、救援物資のほかに家を建てる時の足しにしてほしいと金一封を手渡す。

小さい集落なので何日の何時に村のどこそこに集まってほしいとアナウンスをすると、すぐに伝わる。各家庭の代表者に救援物資を取りにきてもらった。集落のみなさんは口々に「ありがとう、ありがとう」とお礼を言ってくださる。こういう災害時は食べ物などを配給したりすることはもちろん重要だし必要だが、遠く離れた日本でも自分たちのことを思っている人がいると知ることが元気付けになるのではないだろうか。救援物資を配った日は雨が降っていて、村の人たちは傘をさして取りにきてくれた。救援物資が入ったナイロン袋を抱えながら傘をさして、来た道を帰って行く後ろ姿が今でも目に焼きついている。

ボホール島の編み子さんたちが編んだバッグも崩れた瓦礫の下敷きになってしまった。かぎ針もどこかに埋もれてしまったという。辛い状況であるにもかかわらず、彼女たちは本当にたくましい。どこからかラフィア糸を調達し、ナイフで削って作った竹製のかぎ針で、バッグを編み始めたのだ。

くよくよしていても崩れた家は元通りにならない。ならば仕事をしてお金を稼ごう。かぎ針がないなら竹で作ろう。

このバイタリティには感心する。

1年後、私は再びボホール島を訪れた。すでに集落には新しい家が建っていた。みな、新築の立派な家を建てるだけの余裕はなく、ほとんどの家は地震で崩壊する前の家よりも簡単な造りになってしまったようだ。食事をする部屋と寝る部屋の2間のみ。床も壁も竹製の家が多いのは、材料費がほとんどかからないためだ。壁は薄く漉いた竹で幾何学模様のように織られている。各家庭の壁の模様はそれぞれ違い、なかなかオシャレだ。村の人たちが協力し合って大工仕事を分担し、順々に家を建てていったそうだ。フィリピンでは常に助け合いの精神が生きていて感心する。

地震に見舞われた集落には、すでに編み子さんが数人しかいなかった。トレーニングをしていた頃から、徐々にトレーニーが減っていき、最終的に残ったのは最初にトレーニングに参加してくれた、イナバンガという村の女性たちだけになっていた。

スルシィのバッグ作りを続けたいという彼女たちの思いを汲み、2カ月に1度の割合で、スタッフがセブ島からボホール島に行き、新しいバッグの編み方を教え、できあがっているバッグをチェックして工賃を払い、そのバッグをセブ島まで持ち帰る。もしくはボホール島から代表者である編み子さんが全員分のできあがったバッグを持ってカルカルの工房へ来ることもあった。

こういったことを繰り返していたが、修正があれば工賃を支払えずバッグを持ち帰ってもらわなければならなかったり、離れているとどうしても目が届かないため細かい指導ができなかったり、島と島を行き来するので時間もかかったり……。やはり続けるには無理があった。話し合いの結果、泣く泣くスルシィはボホール島から撤退する決断をした。

現在、編み子さんだった人たちは、植林の仕事や機織り、食堂でアルバイトなどをしている。その後も、彼女たちをカルカルの工房で開催するクリスマスパーティーに呼んだり、ラフィア糸を仕入れに行くついでに彼女たちのお宅にお邪魔したり、交流は続いている。お昼ご飯をごちそうになりながらおしゃべりに興じ、帰りには庭になっている果物をお土産に手渡してくれる。またいつか、彼女たちと一緒に仕事ができたらと思っている。

ラフィア糸の仕入れ

編み子さんたちはいなくなったが、ボホール島からはコンスタントにラフィア糸を仕入れている。ボホール島はラフィアの木が群生している島なので、昔からラフィア糸作りやラフィア糸での機織りが盛んに行われている。家々には代々受け継がれているお手製の木の機織り機があって、ラフィア糸で生地を織って生計を立てている人も多い。この生地を裁断して作られたランチョンマットやコースターなどがお土産屋さんに並んでいる。

島には機織り工房があり、見学可能なところもある。私もトレーニングを始める前の素材探し兼デモンストレーションの時に見学させてもらった。

ボホール島のラフィア糸作りが盛んな集落に行くと、道端の土手や家々の洗濯物を干すロープにラフィア糸が干されている風景に出会うことがある。キラキラと太陽を浴びているラフィア糸は、なかなか風情があっていいものである。

スルシィは、ラフィア糸がないと始まらない。今でこそコンスタントに手に入るラフィア糸だが、最初の頃は注文しても手に入らないことがよくあった。前金でお金を送っているにもかかわらずなかなか送ってこなかったり、ラフィア糸は大きな玉状に巻かれているのだが、表面のラフィア糸は太さや質がよくても、中のほうは細い糸ばかりで切れやすかったりと、品質のよくない糸を玉の中に隠していたりする。

日本人である私は、次の注文に差し障りが出るような行為は極力避けたいと考えるが、どうもフィリピン人は違うらしい。一度納めたものに不良品があっても、その分を返金するという考えはまずない。それでは、代替品をすぐに送ってくるかというと、これまたすぐには送ってこないのである。何カ月もの間、売り掛け状態が続くこともあった。お金を貰ってしまえば、こっちのものという考え方なのだろう。

そのため、最初の頃は私もルシルと一緒にボホール島へ行き、何軒かあるラフィア糸の仕入れ先を訪ねることがあった。在庫があればこの時とばかりに良質のものを選び、買えるだけその場で仕入れる。時には100キロを超えることもあった。

ラフィア糸を扱っているのは、ラフィア・サプライヤーと呼ばれる人である。ラフィア・

サプライヤーが自分の管轄している地域の家々を回り、巻きあがった大きなラフィアの玉を回収している。当然その際、ラフィア・サプライヤーはラフィア糸を作っている人たちに適正価格を支払う必要がある。

しかし、適正価格で買い取るラフィア・サプライヤーばかりでない。単価をたたかれても仕方なく受け入れてしまう作り手がいるのも現状だ。そうなると、作り手側には「どうせ安くしか買い取ってくれないのだから品質なんてどうでもいい」という意識が芽生え、粗悪品が出回るという悪循環を生み出す。

ラフィアの木の幹から糸に加工する作業は、とても根気のいる仕事だ。スルシィはラフィア糸がないと始まらないので、少々割高でも良質のラフィア糸を扱っていて、信用のできるラフィア・サプライヤーと取引をしている。スルシィがラフィア糸を継続的に買い続けることで、ラフィア糸の生産者の雇用も生んでいる。

ごまかしたりせずに良質のラフィア糸を供給してくれて、糸を作っている人たちにはきちんと支払いをし、納期を守ってくれるラフィア・サプライヤー。そのように仕入れ先の条件を厳しくしていった結果、現在の仕入れ先に行き着いた。5軒目にしてようやく、良質なラフィア糸がコンスタントに手に入るようになった。

編み子さんとの信頼関係を築く

編み子さんたちはスルシィで生き生きと働き、数年もすると途中で辞める人はほとんどいなくなった。在庫ストック用にあつらえてもらった工房の棚に、できあがったバッグが積み上げられていく。大きなテーブルにはパソコンが陣取り、マネージャーのルシルが仕事をしている。小さなテーブルでは、寸法を計ったり、バッグにアイロンを掛けたり、編み子さんたちが作業をしている。

お昼は、各自が白米のみを持参し（フィリピン人はご飯大好き！）、おかずはみんなでお金を少しずつ出し合い、近くの食堂から何品かテイクアウトし、シェアする。おしゃべりをしながらお昼を食べる風景も見られるようになった。みんな本当に楽しそうだ。そんな光景を見ていると、辞めずにずっと働いてほしいと心から思う。

そのための親睦も兼ねてみんなで楽しめることを企画することにした。まずは、月1回の誕生日会だ。その月に生まれた編み子さんをお祝いし、お昼ご飯をみんなで一緒に食べるという、ちょっとしたランチ会である。出席は自由なのでだいぶ緩い誕生日会ではあるが、スルシィが費用を出すので、みんな嬉しそうに参加してくれる。

そして、クリスマスパーティー。フィリピン人の9割以上がクリスチャンなので、クリスマスは日本のお正月のようなものだ。スルシィでも一番力を入れているイベントである。カラオケあり、ダンスあり、ゲームあり、プレゼント交換あり、スルシィからの1年間ありがとうのギフトありと、盛りだくさんだ。編み子さんの子どもたちも参加し、ちょっと羽目を外す編み子さんもいたりして、楽しく笑いに満ちている。こういうパーティーを盛り上げる才があるのもフィリピン人の特徴だ。私はいつも涙が出るくらい笑わせてもらっている。

パーティーの極めつきは、「レチョン」。フィリピンのパーティーには欠かせない豚の丸焼きである。レチョンがドーンとテーブルの真ん中に置かれる。ベジタリアンの私は直視できないが、フィリピン人にとってはレチョンがあるかないかは非常に重要で、レチョンがないととてもガッカリするらしい。

そして、クリスマスパーティーのクライマックスは、「生産高」によってもらえるボーナス。編み子さんたちは現金が入った封筒を手にし、それはもう満悦至極なのである。生産高以外にも、仕事が丁寧な編み子さん、進んで片付けや掃除をする編み子さんなどを選び、表彰してプレゼントを渡している。

編み物をするだけではなく、みんなで一緒に楽しめることがしたいという編み子さんたちと一緒に始めたのがウクレレだ。「スルシィウクレレクラブ」と名付け、やりたい人たちが参加して練習を楽しんでいる。ウクレレ代の半分はスルシィが負担。残りの代金もスルシィが立て替えて、編み子さんは分割でお給料日に少しずつ返済している。

実はセブ島は、知る人ぞ知るウクレレの産地だ。土地柄、ボディは椰子の実の殻や貝殻をはめ込んだ象眼細工でできているものもある。職人さんが一つひとつ手作りしていて、その制作風景を見学できる工房もある。私は日本でウクレレを習っており、月2回の練習を欠かさない。だいぶ弾ける曲が増えてきたところだ。編み子さんたちはコロナ禍で練習もままならず、まだ人前で弾けるほど上達はしていないようだが、早くクリスマスパーティーで一緒に披露したい。

そして、もう何年も前から考えているのにいまだ実現していないのが、大きなバスをチャーターして編み子さんたちと海辺へ小旅行に行くことである。工房は徒歩でビーチに行けるロケーションではないので、編み子さんたちもこの旅行をとても楽しみにしてくれている。ぜひ近いうちに実現させ、編み子さんたちを喜ばせてあげたい。バスの中では、みんなでおやつを食べながらカラオケで盛り上がる。そして海辺では、子どものようにはしゃぐ編み子さんたち。楽しい旅行になること間違いない。

こうして編み子さん同士、そして私との間に信頼関係を築いていく。そんななか、こんな出来事があった。２０１２年の秋、現在の統括マネージャーであり、当時は編み子さん兼品質管理を担当していたＥｍ－ｅｍ（エムエム）が女の子を出産した。フィリピンは子だくさんなので、編み子さんたちの誰かしらが妊娠中、ということは珍しくない。エムエムは当時から「編むプロ」といってもいいくらい、ずば抜けた技術を持っていた。新作の編み方を教えれば、こちらが本当にわかったの？　と思ってしまうくらい、理解度が非常に高かった。片付けや掃除も率先してやってくれる、まさに申し分のない編み子さんである。

なんと彼女は私の苗字である「関谷」をとって、自分の娘に「Ｓｅｋｉｙａｈ（セキヤ）」と命名したのだ。なぜ名前のＳａｔｏｍｉ（サトミ）ではなく苗字なのか聞くと、フィリピン人にとってはサトミよりもセキヤのほうが音がいいのだという。私の名前を命名してくれたことは嬉しくもあり、もう中途半端なことはできないと、編み子さんに対しての思いとはまた違った責任感が芽生える。洗礼式に立ち会ってはいない名ばかりのゴッドマザーにもなる。彼女はそれだけスルシィのことを大切に思ってくれているのだろうし、その思いに応えなくてはならない。

セキヤは編み子さんたちにもかわいがられ、スルシィのマスコット的存在で、みんなからは愛称のｋｉｙａｈ（キヤ）と呼ばれている。２０１２年生まれのキヤは、スルシィと一緒に育っているようなものだが、そんな彼女も９歳になった。英語が話せるようになってきたので、私との会話も成り立つようになった。小さい頃、彼女はセブ語で私に話しかけ、私は理解できないので答えになっていない答えを英語で返す。キヤは英語が理解できないとわかっていても返事をしないわけにはいかず、全然かみ合わない会話をしていた。会えば、いつでも抱きついて甘えてくるキヤは、私にとって異国に住んでいる孫みたいなものである。

エムエムはキヤを生んで2週間後に仕事に復帰した。工房にキヤを連れてきて私のベッドに寝かせて仕事をし、時間をみてはキヤにおっぱいをあげる。キヤがピーピー泣いても誰も嫌な顔をせず、編み子さんの誰かがあやしていた。こうしてみんなが見守ってくれる環境でキヤは育っていくのだな、と感じた子育ての1コマである。

2014年には、キヤのほかにもうひとりのSekia（セキヤ）が誕生した。編み子さんのMyrna（ミルナ）が、孫に「Sekia-mae（セキヤメー）」と名付けたのだ。愛称はkia-mae（キヤメー）。これで2人の「セキヤ」が誕生したわけである。

その頃、編み子さんのひとりが、「これから、もっともっとセキヤという名前が増えると思うよ」と言っていたが、その後はぱったり。今でも2人のままだ。スルシィと一緒に成長している2人のセキヤを見ていると、時の経過とともに感慨深いものがある。この子たちが大きくなり、スルシィでマネージャーとして働くことがあるかもしれない。親子2代、それはそれで嬉しい。

デザイナーの育成とファッションショーの開催

スルシィが開催するイベントのひとつに、バッグのコンペティションがある。ゆくゆくは編み子さんがバッグのデザインもできるようになり、デザイナーとしても力を発揮してほしいという思いで、デザイナー育成のために始めたイベントだ。

毎年開催しているコンペティションのルールは「自分でバッグをデザインし、それを編んで形にすること」「バッグの制作期間は約半年」「締め切りは12月初旬」というもの。賞金と副賞も奮発しているため、編み子さんたちはがぜん制作に力が入る。入賞者の発表は、クリスマスパーティーで行う。

クリスマスパーティー当日、私と現地マネージャーがヒソヒソ密談し、5位までのバッグを選ぶ。というのも、半年の制作期間があっても、滑り込みで発表当日にバッグを持参する編み子さんもいるからだ。入賞者選びは年々難しくなってきている。近年では編み子さんの腕が上達し、またモノ作りのセンスも養われてきているため、5人には絞れずに8位まで賞を与える年もある。それだけ甲乙付け難い素敵なバッグを作るようになり、選ぶのが大変になった。

クリスマスパーティーの参加者全員の前で、何十点と集まったバッグの一つひとつに私が手短にコメントを言う。良いところは褒め、こうしたらもっと素敵になると思った部分を助言する。誰もが真剣に私の言うことを聴いている。次に作る時に私のコメントを参考にしてもらえれば嬉しい。そして、最後に1位から5位の作品を発表して、賞金と副賞を手渡すのだ。

コンペティションの開催が編み子さんたちのやる気やモチベーションアップにつながればと思っていたが、十分にその役割を果たしていると感じている。数年前までは編むこともおぼつかなかった編み子さんたちが、今では自分でデザインしたバッグを編むなんて、それも日本で売れるレベルのバッグを作れるなんて、その上達スピードには目を見張るものがある。コンペティションを続けていくうちにデザインに興味を持ってくれる人が育つかもしれないし、編み子さんのなかに眠っている才能が開花するのを楽しみにしている。


編み子さんたちがコンペティションのために作ったバッグは、日本の百貨店などで販売しているのだが、とても好評でシーズン中にほぼ完売してしまう。1点ものなので、すぐに売れてしまうと、たくさんの人に見てもらうことができないためもったいないと感じていた。

そこで始めたのが、2年に1回、春に開催しているファッションショーである。編み子さんたちが自分でデザインして編んだバッグを持ってランウェイを歩き、お客さんたちに披露する場だ。

ファッションショーは、工房のあるカルカルの市体育館を借りて開催している。ご主人や子どもたち、親戚、友人、近所の方々が見ているなかを、編み子さんたちが自分の編んだバッグを持って堂々とランウェイを歩く。お世話になっているＤＴＩ（貿易産業省）の方や地元メディアなど、来賓も招待しているので、編み子さんたちの自信にもなる。何よりもフィリピン人はこういった自分が目立つイベントが大好きなのである。

編み子さんのご主人たちには「いつも軒先で編み物をしていると思ったら、こういうバッグを作っていたんだ。うちの女房もいいモノを作るじゃないか。それに今日は一段ときれいで惚れ直したよ」と思ってもらえればしめたものだ。ご主人にスルシィがどのようなことをしている会社なのかを理解してもらえるいい機会だ。ちなみに、一段ときれいなのは、プロのメイクアップアーティストにバッチリお化粧をしてもらうからである。子どもたちもランウェイを歩く母の姿を見て「ママ、かっこいい。私も高校を卒業したらスルシィで働きたい」と思ってもらえたら何よりだ。

私はこのファッションショーには、ひとりのお客さんとして招待されている。そのため、運営に関してはノータッチで口出しはしない。スルシィ代表としてマイクの前で挨拶はするが、すべて現地のスタッフに任せている。どのようにショーが進行していくかは、当日、始まるまでわからない。編み子さんたちはランウェイを歩くだけではなく、忙しい合間を縫ってみんなでダンスの練習に励み、本番ではまとまりのある素晴らしいダンスを見せてくれる。前日のリハーサルをちょっと見ただけでも、みんなの頑張りと団結力が十分に伝わってきて、感動で目がウルウルしてしまう。

ファッションショーは約2時間にわたって開催される。プロの歌手やダンサーによる歌やダンスなど、余興も盛りだくさんだ。誰もが楽しめるプログラムになっているうえに、無料で観覧できるファッションショーだ。

現地ではSNSを使い、ファッションショー開催のアナウンスをする。第1回目の時は、宣伝用にチンドン屋を雇った。風船を付けたトラックにバンドマンが乗り込んで太鼓やドラムを叩き、街中を宣伝しながら走ってもらった。残念ながら、あまり効果がなかったので2回目からは頼んでいない。

ファッションショーの舞台装置、音響、照明、司会進行役のMC、ダンスの振り付け、メークアップ、すべてをプロの集団に任せている。そして、その集団全員がゲイなのだが（誰も隠さない）、みんな仕事に真面目で彼らとのおしゃべりはとても楽しい。

本来なら2021年は開催年であったが、コロナ禍で断念せざるを得なかった。前回の2019年のファッションショーには日本から、10名の友人、知人が観に来てくれた。せっかくなので、みなさんにもスルシィの定番バッグを持ってランウェイを歩いてもらう。口々に感動したと言ってくださり、パリのファッションショーよりも素晴らしいとまで言ってくださる方もいた。彼女いわく、「パリのファッションショーは見たことはないけどね」というオチつきではあったが。いずれにせよ、2019年のファッションショーは見ごたえのある内容だったと思っている。

ちなみに、なぜ2年に1回の開催なのかというと、現実問題として費用がかかるからだ。音響も舞台も何もかも本格的なファッションショーは、それなりの出費を覚悟しての開催となる。前回のファッションショーは、知り合いから寄付金を募り開催した。ファッションショーのスクリーンに「Special Thanks」として寄付をしてくださった方々の名前を掲載させていただいた。ただ、このようなとっておきの楽しみは、2年に1回くらいがちょうどいいのかもしれない。

新たなトレーニングのオファー

どこから聞きつけたのか、あちこちの村の村長さんから、「うちの村の女性たちも仕事がなくて困っている、編み物のトレーニングに来てくれないか」とオファーが舞い込むようになった。最低でも20名の女性を集めてほしいと伝える。トレーニーから編み子さんになる割合は決して高くはない。20名のトレーニング参加者がいても、最終的に編み子さんとなれるのは4、5名だ。残念ながら定着率は決して高くはないのである。トレーニングに参加したものの、編み物は向いていない、好きになれない、という人もいるだろうし、きちんと指示書通りにできないと編み直しをさせられるので、それに辟易してしまう人もいるだろう。

仕事とはいえ、やはり編むことが嫌いでない人が、スルシィで働き続けているように思う。多少うるさくいわれてもそれを乗り越えた人や、新しいことを覚えるのに興味のある人は、編み続けることで技術的にもレベルアップし、自分なりにさまざまなことを吸収して、工夫していく。工賃がほかの仕事よりもいいので、もう何年も働き続けているベテランの編み子さんも多い。

このようなオファーがありトレーニングを行ったなかで、参加者の定着率がよかったのが、「ロザリオ」という集落である。現在、15名ほどの編み子さんが在籍し、カルカル以外のもうひとつの拠点となっている。ロザリオの編み子さんのまとめ役であるＭｉｎａ（ミーナ）がうまくみんなをまとめてくれている。

ロザリオからカルカルの工房まで、山道の交通手段はバイクしかない。しかも片道1時間もかかるので、編み子さん全員がカルカルまで通うのは難しい。そこで、エムエムがロザリオに行き、できあがったバッグのチェックをして回収することもあれば、できあがったバッグをミーナがまとめて預かり、バイクで山を下りて工房に来ることもある。

バイクの運転は、それを仕事としている決まった人に頼んでいる。山へ行く時は工賃の支払いがあるので現金を持っているし、帰りは何十個ものバッグを大きな麻袋に入れて、それをバイクに括り付けて山を下るので、運転し慣れていてかつ信用のおける人にお願いしている。それでもバッグをバイクに括り付けて山を下りる様子は、見ていてハラハラする。

しかし、そう感じるのは私だけのようだ。現地の人はそれが当たり前で、バイクになんでも山のように積み込む。運搬手段はバイクに限られるので、運べるものは何でもバイクで運んでしまうのだ。人間もしかりで、バイクの5人乗りもお手のものだ。

ロザリオに住む編み子さんたちは、クリスマスパーティーなど大きな行事がある時はカルカルの工房に集結する。カルカルの編み子さんとロザリオの編み子さんはとても仲が良く、私も時々ロザリオに行くと帰りに大きなアボカドをナイロン袋にいくつも入れて持たせてくれる。工房に戻り、お醤油とワサビをちょっと付けてお刺身ふうにして食べるのだが、これがまた新鮮でおいしいのである。

刑務所でのトレーニング

スルシィらしい働く場が形作られていくと、編み物を通して地域に根差した取り組みができないかと考えるようになった。そんな時、カルカル市の刑務所から、収監されている女性たちに編み物のトレーニングをしてくれないかというオファーが舞い込んだ。

だが、最初にこの話をルシルから聞いた時、トレーニングをするのはいいけれど、バッグ作りではとじ針やハサミなどの道具を使う。時としてこれらは凶器にも成り得るので正直心配だった。しかし、実際に行ってみると、そんな思いが取り越し苦労であったことがすぐにわかる。

彼女たちが寝起きしている大部屋はこざっぱりしていて、小さなテレビや扇風機もあった。何よりも、思ったほど堅苦しさは感じない。トレーニングに訪れた私たちを部屋の中に入れてくれ、直接女性たちと向き合っていろいろな話をすることができた。ほとんどの女性がドラッグ売買で収監されているのだが、彼女たちには家庭があり、子どもを家に残して服役している人も多い。

現在はマネージャーのひとりであるＥｌｉｓａ（エリーサ）が２週間に１度、刑務所に行き、新しいことを教え、できあがったバッグの工賃を支払っている。彼女たちは得た工賃を、帰りを待つ家族に送金したり、自分の身の回りの必要品を購入したりしている。

私が何回目かに訪問した時、運動不足解消のために、一緒にズンバを踊ったこともある。刑務所内の大部屋でズンバを踊るなんてどうなのかと笑いがこみあげてきた。あまりにも開放的な雰囲気に、ルシルに「カルカルの刑務所ってずいぶん緩いね」と言うと、「前もって日本からスルシィのボスが来ると届け出を出しているし、編み物を教えているから特別待遇なのよ。普通の面会は身体検査をさせられてすごく厳しいよ」とのこと。近年は管理体制が厳しくなり、鉄格子を挟んでの面会になってしまったが、ほんの目と鼻の先での面会が可能なので、元気な様子や編んでいる姿などを見ることができる。

制約があるなかでも、なるべく収監されている女性たちには編み子さんと同じように接したいと思っている。希望者がいれば、年に1度のバッグ作りコンペティションにも参加をしてもらっている。また、スルシィのロゴ入りの黄色いTシャツを全員にプレゼントしたり（収監されている女性たちのトップスは黄色と決まっている）、クリスマスにはスパゲティを作って差し入れたりもしている。

スルシィが編み物を教えに行く前、女性たちは小さなカップケーキを作り、それを街で売ってもらうことで、少しの小遣い稼ぎをしていたそうだ。スルシィのバッグはかぎ針1本で作れるし、出所後はスルシィが受け皿となって編み子さんとして働くことも可能だ。

ぜひ、投げ出さずに続けてほしいものである。

また、編むことを通じて、編み図、編み図記号、編み方、デザイン、ひいては日本のことなど、今まで知らなかったことを知る楽しさや、自分はスルシィの一員として必要とされているのだと思ってもらえたらこんなに嬉しいことはない。そして、出所してスルシィで働くことで再犯率が下がれば願ってもないことだ。

セブで営業許可証を取得する

２０１５年、スルシィはセブの営業許可証を取得した。すったもんだあり、取得までに足かけ２年の歳月を要した。

創立３年目にもなると日本での販売先も着々と増え、コンスタントに現地にバッグの制作を発注できるようになっていく。法的にもしっかりとした基盤を作る必要性を感じ始めた。そこで、マネージャーのルシルの名前で、個人事業主として営業許可証（ビジネスパーミット）の取得に動くことにした。会社組織にするにはもう少し時間が必要と考え、まずは個人事業主で営業許可証を申請することにしたのだ。

営業許可証を取得しないと、税金を払わずにコソコソとビジネスをしているような気がして嫌だったし、許可証がないと対外的にもビジネスをしていると認めてもらえない。また、リゾートホテルのショップや現地のオシャレなセレクトショップで販売させてもらうこともできない。

営業許可証を取得するためには、さまざまな検査をクリアする必要がある。そしてクリアしたことを証明する書類に所轄部署でサインを貰うのだが、これが一筋縄ではいかない。

消防検査では万が一火事になった時のために消火器設置の義務があり、日本と同じような赤い消火器を買わされる。また、実際に従業員（編み子さん）が働いているか、きちんと雇用しているかを、工房まで検査員が確かめにくる。

ここで問題が発生した。消防法による規定なのか、玄関ドアの幅が2センチ足らないという。ドアを2センチ広くしないと営業許可を出せないというのだ。ドアの幅を2センチ広くするということは、その分、壁を削る必要がある。フィリピンには、困ったことがあると市長さんに相談するという習慣があるため、ルシルに市長さんにこのままで許可を出してもらえないかお願いしてもらうが、答えはノーだった。

仕方なく大家さんに事情を説明した結果、壁を削りドアに2センチ幅の木を足すことでドアを大きくしてもらった。大家さんは工房で不具合が生じると、すぐに人を手配して対応してくれる。私が長年安心して工房を借りることができたのは、大家さんが親切にしてくれたおかげである。

工房に滞在中、消防署から窓やドアの寸法を測りにきた作業員とたまたま出くわしたことがある。この女性のやる気のなさといったらなかった。歩くのもちんたらしていて、メジャーを取り出してかったるそうに測定する。もちろん、会話もない。テキパキという動作からはほど遠く、結局一度では終わらずにまた来たとルシルから聞いた。あんな仕事ぶりでは当然だ。

営業許可証の取得は決して難しいプロセスではないが、とにかくあちこちでサインを貰わなければならず、サインを貰うのにいちいち時間がかかる。こんな調子なので、いくつかある検査済の証明書がなかなか取得できずに途中で嫌気がさして、諦めてしまう人もいるらしい。

スルシィも取得までに時間はかかったが、手続きを進めてくれたのは現地のスタッフだ。私は日本にいて、「まだ取得できないの？　あと何のパーミットが必要なの？」と聞くだけだったが、先の作業員を見て以来、これは時間がかかるのは当然と納得した。これがフィリピン時間なので仕方がない。いつの間にか、私もフィリピン時間に慣れてきた。

取得までに時間がかかるうえに、実は営業許可証は一度取得したら終わりではない。毎年1月に更新をしなければならないのだ。更新手続きにはまたお金もかかるし、時間もかかる。フィリピン中のすべての企業が同時期に更新申請をするので、役所は大混乱となる。

スルシィは取得が年をまたいでしまった証明書もあり、すぐに更新がやってきた。新たに更新し直さなければならず、腑に落ちなかったのを覚えている。

こうして２０１５年、申請してから2年がかりで、ようやくに営業許可証を取得することができた。セブでは会社名を「Sulci Handicrafts Trading」として申請。それ以来、きちんと税金を納めている。

フィリピンでの展示会出展と日本でのビジネスコンテストへのトライ

日本での展示会出展で、ブランドの認知度アップ効果があるというメリットを感じたこともあり、フィリピンでも「マニラフェーム（MANILA FAME）」という大きな展示会に出展してみることにした。マニラフェームは毎年春と秋の2回開催されている。会期中は日本をはじめとするアジアの国々、アメリカやオーストラリアなどから大勢のバイヤーが訪れる。この展示会に出展し、海外のバイヤーにスルシィのバッグを見てもらい、願わくば海外に販路を見いだせたらと考えたのだ。

ただ、問題はセブ島ではなく、マニラで開催されることだ。ブースに立つスタッフは、マニラまで飛行機で移動しマニラに宿泊しなければならない。展示するためのバッグを数多く持参する必要があるため、大荷物になり移動だけでも大変だ。最終日には販売が可能なので、売れれば帰りはだいぶ楽になるが。とはいえ、海外の展示会に出展するなら、この程度の大変さは当然のことなのかもしれない。飛行機で1時間半程度のセブからマニラなどまだ近いほうだ。

そしてフタを開けてみれば、連日スルシィのブースは人だかり。まずはバッグのデザインの豊富さに引きつけられ、同時にバッグの完成度、丁寧な手仕事に目がいくようだ。日本のアパレルメーカーやアジアの国々のバイヤーで、連日大賑わいだった。そのなかのひとつであるベトナムのバイヤーからは、今でもコンスタントにバッグの注文をいただいている。

アメリカやヨーロッパのメーカーから、こういう商品を作ってくれる会社を探してほしいと頼まれたフィリピンの中間業者がOEMの話を持ってくるのだが、まだ実を結んだことはない。制作する前に大体の値段は伝えてあるのに、展示会終了後にサンプルを作って納めても、結局値段の点で折り合わないのだ。

こういった頼み方をしてくる欧米のメーカーには、フィリピン製だから、安い賃金で作れるのだから、商品の卸値は安いに決まっているという先入観があるのだろう。人の手を経てモノを作る場合、必然的に時間もかかるし、安いモノはないとわかってほしいのだが、なかなか難しい。制作に時間をかけ、品質にもこだわっている商品は、それなりの値段がすることを、展示会で同時に発信していきたい。

ちなみに、マニラフェームは大きなコンベンションホールで開催される。1階は家具やインテリア、ハウスウエア、ガーデニング用品、クリスマスのオーナメントなどのブースが並ぶ。2階はフィリピン独特の天然素材を使用したアクセサリーやバッグなどのファッション小物のブースだ。スルシィは2階の展示スペースだった。

「世界市場にフィリピン製品を発信する、グローバルなデザイン&ライフスタイルのイベント」と銘打っているだけあり、ディスプレイされている商品は質も高くオシャレだ。1階はヨーロッパのギフトショーと見間違うくらいセンスのいいモノがたくさん並んでいる。アート作品を展示するギャラリーのようなブースも多く、なかなか見ごたえのある展示会だ。

2階には職人技が光るカゴやバスケットなども展示されており、端から端までぐるりと見て回るだけでも楽しい。メイドインフィリピンは、捨てたものではない。

マニラフェームは海外のバイヤーとの出会いもあり、スルシィのラフィアバッグを海外にアピールできるいい機会でもあるため、今後も続けて出展していきたい。そして「ラフィアバッグといえばスルシィ！」といわれるように、世界に発信していきたいものである。

2016年には香港のギフトショーにも出展した。補助金が出るということもあり、フィリピンから参加する。ルシルとは香港で落ち合い、一緒にスルシィのバッグを紹介した。この展示会への出展もいい経験になった。こういった展示会に出展することで、日本国内ばかりではなく、フィリピンでもビジネス上の知人が増えていった。

そういえば、香港の展示会に、母が同行したのを思い出す。本当にどこにでもついてくる母だ。展示会が終わると毎晩3人で中華料理を食べに行き、香港の街中を楽しんだこともいい思い出である。

また、起業して4、5年経った頃から、ビジネスコンテスト（ビジコン）にもトライするようになった。ビジコンでは、新規性や革新性、経営者の資質、成長性、将来性などが問われる。通常はまず書類審査があり、それを通過するとプレゼンテーションソフトを使ってのプレゼン審査だ。自分の熱意や考えを聞いてもらえる機会でもあり、スルシィが何をどうしたいのか、実現したい「想い」を改めて整理、意識することができる。また自分の考えに磨きをかけ、ブラッシュアップできる利点もある。

メンターによるブラッシュアップが受けられるプログラムに採択されれば、スケールアップに必要な知識やスキル、自分が持ち合わせていない視点からのアドバイスを受けることができる。何にもかえがたい貴重な経験だ。賞金がでるビジコンもあるが、たとえコンテストの上位に選ばれなくても、多様な方たちとのつながりが増え、何よりも同じような志を持つ起業家と知り合いになれることはビジネスをしていくにあたり、ひとつの財産になる。

ビジコンではいくつかの賞をいただいた。賞をいただくことで世の中に認められ、これらのビジコンを機に新しいステージへ少し前進できたのではと思う。ビジコンにトライすることで少しは度胸もつき、人前で話すことは今でも不得手ではあるが場慣れしたことは間違いない。

編み子さんが先生になる――日本の学生との交流

スルシィは日本のテレビや新聞などでも取り上げられるようになり、それらの番組や記事などを見た方からメッセージをいただくようになった。みなさんからの温かいメッセージは活動の大きな励みになる。大変なことも多いが続けてきてよかったとつくづく思う瞬間だ。

出演したテレビや記事になった雑誌については、どんな小さなものでも編み子さんたちに随時報告するようにしている。日本のメディアのことなど全然知らなくても、自分たちが作っているバッグが日本で取り沙汰されて評判になっていることを知れば、きっと嬉しいし励みになるはずだ。

少しずつではあるが、スルシィが日本で知られるようになってきたことで「スタディツアー」が開催されるようになった。授業や研修の一環として、日本の高校生や大学生がカルカルの工房を見学するというツアーである。スタディツアーは間に旅行代理店が入るので、代理店の方がビサヤ語や英語を日本語に訳して参加者の方たちに伝えてくれる。

工房の庭に暑さ対策のテントを張り、レンタルしたテーブルと椅子をセッティングし、準備万端でツアー参加者たちをお迎えする。私はなかなかその場に立ち会うことはできないが、事前に現地スタッフと打ち合わせをするだけで、ちゃんと学生さんたちを受け入れホスピタリティを発揮してくれているようだ。

ラフィア糸で小物を編むワークショップ、スルシィの事業内容やフェアトレードの説明、スルシィで働くことによって編み子さんたちがどう変わったかなどを知ってもらえるプログラムを用意して、学生さんたちに楽しんでもらっている。

ツアーのハイライトは、編み子さんのお宅訪問だ。フィリピンのありのままの生活を見てもらう。観光でセブ島を訪れても、一般家庭の生活を見られる機会はなかなかない。これだけでもスルシィのスタディツアーに参加する意義は大きく、参加者にも好評である。

ワークショップでは編み子さんが編み物を教える先生になる。教わる側だった編み子さんたちが、日本人のゲストに編み物を教える側になるなんて素晴らしい。ワークショップに参加するほとんどの方が編み物の初心者である。その方たちに編み方を指導することでまたひとつ編み子さんの自信につながっていく。

ツアーに参加した学生さんたちのなかに、後にあの時スルシィの工房へ行って見聞きしたことが今こうして役に立っている、何かを始めるきっかけになったという人がひとりでもいたら嬉しい。

セブ島は成田空港から直行便があり4、5時間で着くうえに、3泊4日程度の滞在でも十分に楽しめる。友人たちも工房に遊びに来るようになり、編み子さんたちと一緒に小物を編んだり、ワイワイおしゃべりに興じたり、編み子さんのお宅にお邪魔したり、ローカルレストランで舌鼓を打ったり、本当に楽しんで帰っていく。ファッションショーやクリスマスパーティーに合わせてくる友人も増え、嬉しいことにみなさんまた来たいと言ってくれる。何度か遊びに来ている友人は、今では編み子さんたちの名前を覚えてしまった。

ルシルとの別れ

スルシィもビジネスとして軌道に乗り、新しいことにもトライしていきたいと考えていた頃、残念な出来事が起こる。長年、一緒に頑張ってきたルシルとの別れである。少しずつ、現地のマネージャーであるルシルとの間に溝ができていた。最初は小さな不信感が、徐々に大きくなっていった。

スルシィが誕生する前のまだ海の物とも山の物ともつかない時から、ルシルは本当に惜しみなく手を貸してくれたし、誰ひとり知っている人がいないカルカルで何もわからなかった私がどれだけ心強かったか計り知れない。ルシルなくしては、異国でスルシィの基礎を築くのもままならなかっただろう。

ルシルの4人の子どもたちも本当にいい子たちで、長女は知り合った当時、獣医学部に在籍していたが、授業料が払えずに休学していた。ルシルは一生懸命に働き、子どもたちを養っていた。そんな母親としてのルシルの頑張りを側で見てきているので、応援してあげたいという気持ちは強かった。だから「お金は貸さないよ」と言いながらも、時々ほかの編み子さんにはわからないようにこっそり貸したりもしていた。スルシィで働いている限りはお給料から天引きするので取りっぱぐれる心配はない。

彼女とはよく朝まで話し込んだり、笑ったり、仕事の相談をしたり、一緒に考えたりと、多くの時間をともに過ごした。しかし、知り合って5、6年も経つと、互いの間に以前とは違う空気が流れ始める。彼女は腰が痛いとか背中が痛いなどと身体の不調を訴えるようになり、いずれはおばあちゃん直伝のお菓子作りを再開したいというようになった。スルシィで働く以前、ルシルは手作りのお菓子を作り、セブ市にあるフェアトレードショップに卸していたことがある。

私は、そろそろ潮時なのかもしれないと思った。メッセージを送っても既読にならないことが増え、お金に関しての不信感もあり、ルシルに対してよくイライラしていたように思う。

とはいえ、このままでいいはずがない。もしかしたら、近々ルシルから辞めたいというかもしれない。その前にお世話になったのだから、日本に行きたいといっていたルシルの夢を叶えてあげたい。辞められてからでは遅い。そして都内の大手百貨店にラフィアバッグが並ぶシーズンである6月に、私はルシルを日本に招待することにした。これまでの感謝の気持ちを込めて日本を案内しよう。それが、私にできるルシルへの最大のお礼だと考えたのである。

そう決めた私はすぐに行動に移した。まずはルシルにパスポートを取得するように伝える。もちろん、会社の経費である。フィリピン人が日本に渡航するにはビザが必要なので、その申請のための書類の準備に取りかかった。日本にきたら百貨店で彼女にラフィアを編むデモンストレーションをしてもらう予定だったので、百貨店の担当者とのやりとりメールのコピーや身元保証書、招へい理由書、滞在予定表などを揃え、セブに送る。それらの必要書類をマニラの日本大使館に送付し、ビザが貰えるかどうかの結果を待つ。ビザは誰にでも下りるものではない。日本は受け入れに結構厳しいのだ。

2017年6月、めでたくビザを取得したルシルは、日本にやってきた。

空港まで迎えに行き、家に向かうバスの中でルシルが開口一番に言ったことは、「日本はどうしてゴミひとつ落ちていないの？　なぜどこもかしこもきれいなの？　学校での教育？」

意外な質問ではあったが、以前ベルギーから来た友人にも同じようなことを聞かれたのを思い出した。海外から来た人にとって、日本はどこにもゴミが落ちていないきれいな国、というのが第一印象のようだ。私は答えた。「学校で教わるというより、小さい頃からの家庭での躾だと思うよ。私は飴やガムの包み紙は道に捨てずに、ゴミ箱がなければポケットに入れて持ち帰るように親から教わった。日本にはゴミをポイポイ捨てる習慣はないかな」

6月は1年のうちで一番忙しく、百貨店での Pop-up Store の予定も多かったが、あそこに連れて行こう、あれも見てほしい、セブでルシルと会っている友人を呼んで夕飯を一緒に食べよう。忙しいなりにもいろいろな予定を立てる。滞在中は私の家に泊まってもらい、かかる費用はすべて私が責任を持つことにした。

百貨店では彼女にラフィアバッグを編むデモンストレーションをしてもらった。それをお客さまに見てもらったり、小物を編んで直にラフィアに触れていただくワークショップを開催したりした。ルシルには先生になってもらった。

ルシルも売り場に立ち、お客さまに英語で説明するが理解できない方も多く、私が脇から簡単に通訳をする。たいていのお客さまは、「セブ島からいらしたんですか?」と驚く。なかには、私のSNSを通して彼女のことを知っている方もおり、握手を求められることもあった。

百貨店ではみんなが編んだバッグがどのようにディスプレイされているのか、またそれを見たお客さまの反応など、家に帰ってからビデオ通話で現地のスタッフに伝える。その時のルシルの声を聞いているだけで、毎日が新鮮で楽しんでいることが伝わってきた。

こうして、ルシルの2週間の日本滞在は終わり、フィリピンへ帰っていった。残念だったのは毎日がとても忙しく、浅草の浅草寺と東京ディズニーランドしか案内できなかったことだ。せっかく日本に来たのだから、もっといろいろな場所に連れて行ってあげたかった。それだけが心残りである。でも、セブで会っている私の友人たちと再会し、一緒に居酒屋で食事をし、毎晩のように誰かと会いおしゃべりに花を咲かせた。カラオケにも行った。それなりに日本を楽しんでくれたのではないかと思う。

大切な存在だったルシルとスルシィとの関係は終わってしまったが、クリスマスパーティーやファッションショーには来賓として招待し、一緒にレールを敷いたスルシィの今を見てもらっている。

ルシルが辞めた後任には、彼女の下で主に品質管理の責任者として働いていたＥｍ－ｅｍ（エムエム）が就いた。今は彼女が総括マネージャーとして、編み子さんたちをまとめてくれている。エムエムがマネージャーになってから、お金に関するストレス、イライラから解放された。今でも小さな問題は起こるが、編み子さんたちのまとまりもよくなったように思う。ルシルと知り合わなければ誰も知り合いのいないセブ島のカルカル市に工房を構えることはなかったと思う。今一緒に働いている編み子さんたちとの出会いもなかったかもしれない。やはり、ルシルには感謝をしてもしきれない。

スルシィができる社会貢献を考える

今後、自分たちの取り組みが共感され、水面に小さな波紋が広がるように地域活動を進めてきたいと考えている。また、国連が提唱するＳＤＧｓの達成目標は、スルシイにとっても私たち一人ひとりが生活していくうえでも、重要で大切になっていくのではないか。地球全体や社会全体のこれからを考えた時、やはり意識して取り組まなければならないことなのではないかと感じている。

スルシィは大きな取り組みをしているわけではないが、スルシィができる当たり前のことを先延ばしにせず、今できることを常に実践していきたいと思っている。例えば、次のようなことだ。

◆雇用を創出する。

◆フィリピン人女性を積極的に雇用する。

◆仕事の対価として工賃をきちんと支払う。

◆作る責任として素材を無駄にせず、バッグの修理をする。

◆環境にもいいモノ作りを意識する。

今やっているこれらのことを、その先の未来につなげ、ビジネスとしてきちんと回っていくようにしたい。今後、消費者（お客さま）の選択は商品やサービスの内容だけではなく、スルシィの姿勢に共感できるかどうかの判断になっていくのではないだろうか。そんなことを考え始めた時、いつもスルシィを応援してくださる方がアドバイスをくださった。

「国連開発計画（ＵＮＤＰ）が主導する『ビジネス行動要請（ＢＣｔＡ）』の加盟申請を

してみるのもいいのではないか」

国連開発計画は、貧困の根絶や不平等の是正、持続可能な開発を促進する国連の主要な開発支援機関である。また、ＳＤＧｓの策定に大きな役割を果たし、世界におけるＳＤＧｓ普及の推進力となっている。国連開発計画が推進しているＢＣｔＡとは、貧困層の成長を活性化させ、持続可能な開発目標（ＳＤＧｓ）の達成を促進する取り組みだ。

申請はすべて英語であり、まずは申請書を読みこなさなければならない。私の英語力で事足りるのだろうかと不安になり、申請する前に日本ではどういった企業が承認されているのかをチェックしてみることにした。驚いたことに日本ではまだ11社しか承認されていなかった。しかも誰もが知っている超有名企業ばかりである。スルシィは弱小企業なので国連に承認されるのは難しいのではないかと気後れするが、「会社の規模は関係ない。重要なのは取り組んでいる内容」という言葉に励まされ、申請してみることにした。

申請するにあたり、英語力以前の問題を実感する。私はこういった提出書類に書かなければならない数字的なことが苦手なのだ。だがこういう時、いつも有り難い助っ人が現れる。詳しい知人の手を借りて、何とか申請書類を提出することができた。

国連の方とやりとりをしていくうちに、小さな会社でもきちんと認めてくれることがわかってきてからは、「もしかしたら承認されるかもしれない」という自信が芽生えてきた。

そうして２０１９年の春、スルシィは、フィリピン女性に編み物の技術指導をし、公正な対価を支払い働く場を提供することにより、持続可能なモノ作りに取り組んでいることが評価され、めでたく国連のＢＣｔＡ加盟企業として承認された。日本では12社目に加盟承認を受けた会社であり、創業10年未満の小規模企業としては初めての加盟となった。ぜひ、小規模な企業もスルシィの後に続いてほしいと思う。

これからの企業は、社会的課題の解決に貢献することは必須だと思う。人や環境問題に配慮している企業という信頼が、ブランドを作っていくのだ。そういう意味で、ＢＣｔＡの加盟承認を受けたことは、本当に価値あることだと思っている。毎年、英語によるレポート提出が義務付けられているので大変ではあるが、スルシィが1年間、どのような活動をし、どのような成果をあげたのかなど、私自身が再認識できるいい機会にもなっている。

２０２０年2月には、マニラの国連オフィスにて、スピーチの機会をいただいた。スルシィのビジネスモデル、フィリピンでの存在や役割、ＢＣｔＡに申請した理由、承認されたことによる利点、そして今後の課題などをお話しさせていただいた。よりよい持続可能な未来を築くために、これからもブレることなく、当たり前の課題解決を淡々と、今できることから少しずつ、取り組んでいきたいと考えている。

スルシィ基金

随所で触れているように、スルシィの起業から現在に至るまで、多くの友人たちが私の取り組みに協力してくれている。そのひとつに「スルシィ基金」がある。小、中学校の幼なじみが、編み子さんの子どもにわずかだが金銭的に援助をしたいと申し出てくれたことから始まった。

基金なんて名前は立派だが、決して大げさなものではなく、ひとりの学生に毎月決まった金額を援助し、卒業するまで面倒を見るというものだ。授業料など大きな援助ではない。学生生活を送るうえで必要な教材費や交通費、お昼代の足しになれば、という奨学金だ。

最初の奨学生はマネージャーだったルシルの娘さんだ。前述したように、知り合った時彼女は獣医学部に在籍していたが、授業料の支払いが続かず休学していた。復学してから彼女が大学を卒業するまで支援した後、今度はご主人が急死した編み子さんの大学生の息子さんに支援をバトンタッチ。彼も大学を卒業したので、次の奨学金候補生選びを現地のスタッフに任せたのだが、決まらずにいるうちにコロナ禍に突入。保留のままになっている。

スルシィ基金では奨学金だけでなくお米の支給もしている。ことの発端は、クリスマスパーティーに編み子さんが連れてきた子どもの歳を「いくつになったの？」と聞いたことだった。見た感じでは6カ月くらいと思っていたのだが、1歳だという。「えっ、1歳？」。聞き間違いかと思い、もう一度聞き返してしまった。

1歳といえば、足や腰の筋肉がしっかりしてきて、そろそろつかまり立ちができる頃ではないのか。彼女が抱っこしていたのは、見るからにまだ赤ちゃんだった。食費に十分なお金が回らず、そのうえ子だくさんなので、ご飯をお腹いっぱいに食べられていないのだろう。栄養失調であることがわかる。エムエムに市の赤ちゃん検診はないのか聞いたら、検診に行かなければそれまで、という答えだった。

そこで彼女にはスルシィ基金から、お金ではなくお米を支給することにした。ただ、仕事を頑張ってほしいという気持ちを込めて、家族全員が1カ月食べられる量は渡さず、「足らない分はバッグを作って働いて稼いでね」と伝えている。

スルシィ基金の口座に奨学金を振り込んでくれる幼なじみの彼らは何の見返りも望んでいないし、私がちゃんと基金として活用しているか確かめもしない。決して無関心というのではなく、本当に少しでも役に立ってくれたら嬉しい、それだけのようだ。私を信用してくれるのはありがたいが、支援を受けている学生や編み子さんたちには、受け取ったら直接メールでお礼を伝えてもらうようにしている。

スルシィ基金として銀行の口座を開設してはいるが、一般に広く募金を募っていないし、今のところ大きくしていく予定もない。子どもたちを奨学金で支援することは素晴らしいことであるが、私はスルシィの本来の役目はそこではないと思っている。編み子さんの子どもたちにひっそりと私の幼なじみがちょっと応援している、そんな規模感がちょうどいいと思っている。

東京のアトリエ兼倉庫とカルカルの工房の引っ越し

２０１７年から２０１９年にかけて、スルシィは落ち着かない日々を送ることになる。東京のアトリエ兼倉庫とカルカルの工房ともに、引っ越しせざるを得ない状況になったのだ。

まずは東京のアトリエ兼倉庫だ。事務所は別に構えていたのだが、その近くに借りていたアトリエ兼倉庫を、大家さんの都合で２０１７年の暮れまでに明け渡さないとならなくなった。新しいアトリエを探すにあたっての条件は、スルシィの事務所から徒歩５分以内、予算は10万円以内だ。

物件はあるにはあるのだが、アトリエとして借りたいという希望を伝えると、ほとんどの返答はノー。住まいとして貸したいといわれる。料理もしないのできれいに使うといっても、そこで会社登記されては困ると拒否される。すでに会社登記は済んでいるし、事務所は別にあると伝えても先方には理解を得られなかった。

なかなかいい物件に巡り合えず焦りを覚える。アトリエにはバッグの在庫をはじめ、数年間のうちにたまった大切なものもたくさんある。暮れまでに見つけられなければ、それらのものを保管する場所がなくなる。一時的にトランクルームを借りるしかないと覚悟を決めたものの、絶対にいい出会いがあると信じて物件探しを続けた。そうしてギリギリで見つかったのが、現在のアトリエ兼倉庫だ。少々狭いのと3階なのにエレベーターがなくモノを運んだりするのが大変という難点はあるが、事務所からも近く、天井が高くて開放的な部屋だ。出窓もあってなかなか気に入っている。引っ越しは大きなダンボール箱が30個にもなった。

２０１８年、無事に新しいアトリエで新年のスタートを切ることができた。

そして翌２０１９年には、カルカルにある工房の引っ越しを余儀なくされた。借りていた工房は小さな一軒家だが、大家さんが土地付きで売りたいということから退去することになった。

何度か触れているが、この工房の大家さんにはとてもよくしてもらい、家賃の値上げの相談をされることもなく、営業許可証を取得する過程でドアの幅が引っかかった時には壁を削って対応してくれ、常に心地よい空間を提供してくれた。その代わり、途中から家賃は1カ月ごとの支払いではなく、6カ月まとめての支払いに変わったが、その程度の条件の変更など気にならないくらい、大家さんにはお世話になった。現地の人の意見が聞きたい時などは、よく相談事にのってもらったものだ。

大家さんからは余裕をもって半年以上も前に退去依頼があった。国道沿いで便利だしきれいな庭付きの家ということもあり、高値で売れる物件のようだ。とはいえ、すぐには買い手が現れないだろうと高をくくっていたら、わりとすぐに買い手が見つかってしまい、2019年末までには引っ越さないといけなくなった。

これは大変とばかりに、新しい物件を探し始める。しかし、同じような交通の便がいい庭付きの一軒家を探すのは難しいと現地スタッフにいわれ、ビルの一室まで探す範囲を広げるしかないと思ったものの、どうも狭い室内で編み子さんたちがバッグを編んでいる姿は思い描けない。やはり庭にテーブルを出し、青空のもと、外の空気や風、光を感じながら、開放感のある場所で編んでほしい。

スタッフと話し合った結果、もし今回希望に沿った家を借りられたとしても、また大家さんの都合などで引っ越しを余儀なくされるかもしれない、それなら土地を買って工房を建ててしまうほうがいいのではないか、という結論になった。

自前の工房を持つことで、よりよいモノ作りを実現するための環境作りと、雇用の拡大につながれば、それも高い買い物ではないだろう。近い将来、編み子さんたちが安心して子どもたちを預けられる託児所や長年温めてきた図書館（図書室）を敷地内に作ることもできる。そうすれば、託児所の保母さんや図書館の管理人などの雇用も生まれる。そう考えると、土地探しも工房を建てることもがぜん意欲が湧いてきた。どんな託児所や図書館を作ろうかと想像するだけでもワクワク楽しくなってくる。

しかし、ここで一旦冷静に考えてみる。考え自体は素晴らしいと思うが、先立つものがないではないか。問題はこれらを実現するための資金だ。

そこで思いついた解決策がクラウドファンディング（ＣＦ）だった。知り合いのＣＦを応援したこともあったので、ＣＦがどういったものかは心得ていたし、もし自分にも必要な時がきたら、少額ではなくある程度まとまった金額でチャレンジしたいと思っていた。まさにその時が到来したのだ。そうと決まれば話は早い。現地では土地探しを進め、日本ではＣＦで工房移転のサポーター募集に向けた準備を始める。

ＣＦでは「フィリピンの女性たちが安心して働ける自社工房を作りたい！」と掲げ、多くの方にスルシィを、またスルシィの裏側にあるストーリーを知ってもらいたいと、スルシィを始めるきっかけや現地の編み子さんのことなど、スルシィが歩んできた道のりをプロジェクトの実施内容欄に詳しく書いた。

まずは土地代の一部を募ることにし、ファーストゴールを200万円に設定する。リターンの商品を考え、200万円に到達するには、「例えばこのリターンが何名くらいで、このリターンが何名くらいで……」などと計算してみた。ところが、それらを足してもまだ200万円にはならない。ざっと計算しても、200名近い人たちに応援してもらわないと達成は難しそうだ。顔は広くないし、有名人でもないし、200万円が達成できなかったらどうしよう、と突然不安が込み上げる。達成できなかったら、応援してくださった方たちにも申し訳ない。

しかし、そんなことを考えていても仕方がない。やるからには、達成できると信じて取り組むしかないのだ。知り合いや友人に、「CFをやるので応援よろしく」と片っ端から連絡をし、2019年8月、フィリピンの工房移転のサポーター募集のCFをスタートする。

ところが、フタを開けてみるとビックリ！ なんと1日もかからずに200万円を達成したのだ。お金で支援してくださった方たちはもちろん、SNSでシェア、拡散してくださった方もたくさんいて、温かい応援に感謝しきりだった。同時に、支援者からのメッセージも心にしみた。こんなにたくさんの方が、スルシィを応援してくれている。

クリアしたファーストゴールは土地代の一部になる金額に設定していたが、すべての土地代を賄えるよう、セカンドゴールを350万円に設定し、チャレンジを続けることにした。そしてセカンドゴールも達成し、さらにサードゴールとして500万円の設定まで挑戦。新工房建設プロジェクトに賛同、応援してくださる方が日に日に増えていく。本当に有り難く、感謝の毎日だった。

募集が終了した10月末には、当初の目標額の倍以上である420万円ちょっとの支援金が集まり、260名もの方にご支援いただいた。土地代どころか、新工房の建築費の一部も賄える金額だ。ただただ、感謝の気持ちでいっぱいだ。これで、またひとつ夢を実現できる環境が整った。編み子さんたちと新しい工房で新たなスルシィの歴史を築いていくことが、みなさんへの恩返しだと思う。

フィリピンに土地を買って工房を建てる

日本で支援金を募りながら、並行して現地では土地探しを進めていた。元の工房からあまり離れていない場所で探してもらう。カルカルでは日本のように不動産業者を通して探すのではなく、口コミが一般的だ。小さな町では土地探しをしているという噂はすぐに広がるらしく、良さそうな物件があるとマネージャーのエムエムに情報が舞い込んでくる。その情報をエムエムが日本にいる私に送ってくれるのだ。

私は動画や写真で土地の雰囲気をつかみ取り、地図で大体の位置を確認する。土地は大きな買い物だ。慎重になるし、その場所に身を置き、自分が感じる相性のようなものを大切にしたい。現地のスタッフの意見を尊重しつつも、やはり自分の目で実際に見て決めたいとセブへ行くことにした。

エムエム、工房の大家さん、エムエムのお姉さんと一緒に2カ所の物件を見に行く。迷うことなく全員一致でそのうちのひとつの物件に決める。そこは敷地内にココナツやバナナの木がある。実がなる果物の木があるだけで、私は幸せな気分になる。成長の早いバナナやパパイヤ、そして実がなるまでに7、8年はかかるマンゴーやアボカドも植えて、編み子さんたちと一緒に庭造りもできたら楽しいだろうと夢は広がる。

その後、エムエムの知り合いの弁護士に土地の売買に関するルールや今後の進め方など、いろいろとアドバイスを受ける。

「フィリピンで家を建てるのは大変だよ」

フィリピンと何かしらの関係がある何人もの人から言われた言葉だ。工賃を前金で渡したら最後、働かない。資材が値上がりしたのでこの金額ではできないと最初の値段より割増しになる。途中でサボったりするので工期は遅れるのが常。仕事を見張る人がいたほうがいい……。「フィリピンあるある」の忠告が届く。たしかに問題が勃発するかもしれないが、何とかなるだろう。一筋縄ではいかないことはこれまでの経験からも十分に理解していたし、問題はつきものだ。せっかく異国で工房建設というめったに経験できないことに挑戦するのだから楽しまなきゃ損。そんなことを思っていたら、早速、痛いパンチをくらう。

購入予定だった土地の所有者と連絡が取れなくなったのだ。エムエムが所有者の家まで行ってみるが、どこかに姿をくらましてしまい会えない。嫌な予感がする。そして、その予感は的中した。どうやら問題のある土地だったらしく、購入できないことがわかった。白紙撤回だ。私はすでにSNSで、土地が見つかったことを支援者のみなさんに知らせてしまっていた。「まったくもう！」と腹立たしい気持ちはあったが、仕方がない。ここはフィリピンだ。もっといい土地を探そうと気持ちを切り替える。

フィリピンでの自社工房建設は、土地探しの段階から波乱含みとなる。唯一のグッドニュースは、スルシィの元工房である一軒家を買われた方が建て直しをせずに、そのまま住むことになったという知らせだ。前を通るたびに、いつでも昔のままの工房が見られる。よかった。

土地探しが白紙に戻り、応援してくださっている方たちには心配をかけてしまったが、新たな候補地が見つかった。エムエムに送ってもらった動画や写真を見る限り、悪くはなさそうだ。今回も自分の目でその場所に立って確かめてから決めたいと、セブへ飛んだ。

工房のあるカルカル市は、市になってまだ13年。セブ島の中心地であるセブ市よりも緑が多く、まだまだ不動産は安いほうである。とはいえ、近年、土地の価格は上昇している。元の工房のように幹線道路沿いは便利だが、当然価格は高くなる。便利なほうがいいに決まっているが、スルシィが買える土地となるとどうしても幹線道路から奥まった場所になってしまう。

新しい候補地は幹線道路から歩くこと十数分、ローカル色が豊かな場所だった。幹線道路から一歩入るとローカルな家々が並び、犬がウロウロしているだけでなく、ニワトリまで散歩していてごちゃごちゃしているが、10分も歩くと段々と緑が多くなり、家もまばらになってくる。候補地は緑に囲まれた気持ちのいい場所だった。一緒に行ったスタッフ全員一致で、ここに決める。予定していた広さよりも狭いのがちょっと残念だったが、これもご縁だ。

大きなココナツの木が3本、パパイヤやモリンガの木もある。バナナの木はあちこちにあり、無農薬のバナナが食べ放題だ。それだけでテンションが上がる。右隣りは空き地で、広い土地にココナツの木がポツンポツンとあるだけだ。今後も家が建たなければ見晴らしがよくていいな。あわよくばスルシィが大きくなった時に土地の買い増しができるかも、という野望を抱く。

早速、土地に植えてあるヤシの木からココナツの実を取ってもらい、ココナツジュースで土地決定のお祝いの乾杯をする。ココナツを割る鉈を前の家でお借りすると、頼んでもいないスプーンまで笑顔で貸してくれた。きっといい人たちに違いない。編み子さんたちが出入りするので、迷惑にならないように気をつけないといけない。

土地が決まり、年内で8年間お世話になった工房ともお別れかと思うと感慨深いものがある。ちょっと狭いのが難点だったが、幹線道路に面していたので便利だった。しかも門から庭を通った先に玄関があったので、道路沿いとはいえ騒音に悩まされることもなかった。とくに気に入っていたのは、庭とテラスだ。私はテラスにテーブルを出し、編み子さんたちが楽しそうにバッグを編んでいる姿を見るのが大好きだった。

クリスマスパーティーでは、踊って、ゲームをして、カラオケで盛り上がって、すべてこのテラスでの思い出だ。編み子さんたちは狭い室内では息が詰まってしまうらしく、誰ひとりとして冷房のきいている工房内で編むことを好まなかった。暑くても庭の大きな木の下の日陰にテーブルを出し、和気あいあいと編むのが常であった。

8年の間、一度も引っ越したいと思わなかったのは、居心地がよかったからにほかならない。編み子さんたちにとって、この工房が心の拠り所となっている部分も大きく、市に提出する書類の書き方がわからないといっては教えを請いにきたり、時には家庭内の愚痴を工房で発散したりしていたようだ。工房にくれば安心できて頼れる仲間がいる。仕事をする場であり、バッグを編む場であり、お金を貰える場でもあり、何よりも成長できる場所だったと思う。

私にとって工房は第2の我が家だった。スタッフと話をする場であり、新しいアイディアやデザインが生まれる場所でもあり、みんなの顔が見られて元気をもらえる場所だった。そして工房にはいつも笑顔と笑いがあり、それぞれにいろいろな思い出がある。そんなたくさんの思い出が詰まった大好きな工房で、最後の年の12月にも、もちろんクリスマスパーティーを開催。この時も友人たちが日本から遊びに来てくれ、初対面同士でもすぐに打ち解け、クリスマスパーティーを楽しんでくれた。

帰国する2019年12月15日の朝、「長い間、私たちを見守ってくれてありがとう」と最敬礼をして工房を後にする。その後、編み子さんたちが大掃除をしてくれたのだが、何もないガランとした工房と、涙を溜めたみんなの写真が、日本に着いた私のもとに送られてきた。私まで何だか感傷的になってしまう。思い起こせば、この何もない状態からスルシィは第一歩を踏み出したのだ。

暮れに工房を明け渡したもののまだ新工房は完成していない。その間、近くの空き家に間借りをすることになった。しばらくは、そこが編み子さんたちの集いの場となった。

土地探しに始まり、工房建設の手続き、弁護士とのやりとり、大工さんの手配、建築資材の見積りチェック、発注、と大変な新工房建設ではあったが、私が何もせずとも現地スタッフによって手際よく作業は進んでいく。本当に有り難い。

間取りと内装については、私がセブ島滞在中に大工さんと会い、打ち合わせをした。小さな四角い家なので、玄関はこの辺り、窓はここここにつけて、入ってすぐにリビングルーム、ここには私の寝室を作り、キッチンはここでシンクとカウンターはこんな感じなど、かなりざっくりとした要望を伝える。それを大工さんに絵にしてもらうのだが、これがまたかなりラフで比率もいい加減。プロの設計者（建築家）が描く精密な設計図とはほど遠く、「えっ、これでいいの？　これで家が建つの？」と不安になる。エムエムいわく「アーキテクトやエンジニアに図面の作成を依頼したら何万円もかかってしまう」。エムエムの「これで大丈夫」という言葉を信じることにした。郷に入っては郷に従えだ。

フィリピンで家を建てる場合、家と家具を作る大工さんと木材やセメントなどを調達する資材屋さんの見積りは別で、それぞれにお金を支払う。冷蔵庫やクーラーなどの電化製品、ガス台、照明器具、シンクやシャワー器具などは自分で購入して取り付けてもらう。エムエムと一緒に量販店に行き、エアコン、シャワーノズル、シンク、ペンダントライト、便器、タイル、ドアノブなど、好みのものを選ぶ作業はなかなか楽しかった。家を建てるなんて人生で一度あるかないかで、またとない経験をさせてもらう。

なかなか物事がスムーズに進まないフィリピンには珍しく、すぐに材料の木材やセメント、鉄柱などが届き始める。そして、あれよあれよという間に基礎工事が始まった。フィリピンでは8のつく日に家を建て始めるのがいいという言い伝えがあるという。それにあやかって、まずは資材をストックしておく小屋を11月8日に建てた。

現地スタッフからは、毎日のように進行状況が写真で送られてきた。床ができた、屋根を葺いた、床のタイル貼りが終わった、ドアがついた、照明がついたなど、逐一、進み具合をチェックすることができた。段々家らしくなっていくのを見るのは、なんとも楽しいものだ。これからは、この場所でみんなと頑張っていくのだ。何もかも新しい、気持ちのいい空間で仕事ができると思うと、自然と頬が緩んでしまう。

電気が開通し、トイレも使えるようになり、とりあえず人が住める状態になったので、仮住まいだった空き家から新築の工房に引っ越しをする。大工さんが作ってくれたベッドやテーブルなどの建具、そして内壁・外壁を、ペンキ屋さんに塗装してもらう必要があるし、フェンスもオーダーしないといけない。それに庭に植える木も買いに行かないと。まだまだやるべきことはたくさんあった。現地のスタッフとそんな話をしていた時、世界は大変な事態に突入していた。新型コロナウイルス感染症の蔓延だ。

コロナ禍を乗り越えて未来へ

２０２０年3月、世界中で混乱が生じていた。フィリピンもしかりである。フィリピンは東南アジアの中でもいち早くロックダウンに動き、３月中旬に初のロックダウンに踏み切っている。その後も解除とロックダウンが何度か繰り返された。国民は不要不急の外出ができなくなり、どうしても外出が必要な時には、外出許可証（写真とＩＤ入り）が必要になった。これは各家庭で1名のみに与えられ、外出許可証を持った人だけが外出を許される。それもＩＤ番号の奇数偶数によって外出曜日が決められていた。

外出できなくなった編み子さんたちは、工房にラフィア糸を受け取りに来られなくなった。しかし、バッグを編まないと収入が途絶えて彼女たちは食べるのにも困ってしまう。彼女たちのご主人はコロナ禍で仕事がなくなり、生活は編み子さんにかかってくる。こういう時、弱い立場の人からとばっちりを受け、より生活が厳しくなるのが常である。日頃から決して安定しているわけではなく、編み子さんのご主人も定職についていない人が多い。コロナの感染拡大が追い打ちをかけるように彼らの生活を苦しめるようになった。

どうにかしないといけないと考えたマネージャーのエムエムは市役所に相談に行った。そして、特別にスルシィ独自のパスを発行することで、編み子さんたちの工房の行き来を認めてもらうことに成功。これで編み子さんたちは仕事を続けられるようになった。

ところが、今度は肝心のラフィア糸が足らなくなる。ボホール島から知り合いのトラック運転手がセブ島まで仕事で来るという情報をつかみ、100キロのラフィア糸をカルカルの工房まで運んでもらう。なんとか材料を確保することができた。

その後は、ロックダウンいかんにかかわらず、ボホール島から仕事で車でセブ島入りする人にラフィアを運んでもらうことができた。おかげさまでコロナ禍でも、何とか糸を切らすことなく、仕事が途切れることもなく、編み子さんたちは忙しく手を動かす日々を送れるようになった。そんな編み子さんを見て、彼女たちの知り合いが、バッグを編んで稼ぎたい、仕事がほしい、と思うのも不思議ではない。コロナ禍にもかかわらず編み子さんが7名も増えたのは、思わぬ副産物だった。

給料を受け取った編み子さんたちの何人かからは、必ずお礼のメッセージが届く。「お給料をありがとう。会いたい」と。お金が入ったらまず食べるものに困らないよう、お米を数十キロ単位で買ってしまうと安心するらしい。お米が入った麻袋の写真とともに「お米を買ったよ。ありがとう」という言葉を添えて送ってくる編み子さんもいる。

定期的な収入がない人たちが多いなか、雇用を守り月2回の給料を滞りなく支払い、彼女たちに「大丈夫」と安心感を与えることが、今スルシィにできることだ。そして、コロナが収束しても、これからもずっとみんなを守り続けること、それが私の役目である。

コロナ禍で新しい編み子さんが増え、ベテランの編み子さんは新しく入った人たちの面倒を率先して見てくれている。それをスタッフ（マネージャー）がまたフォローし、現地ではいいバランスが保てているようだ。そんな姿を見ると、スタッフも成長したなと感慨深いものがある。

いわゆる会社勤めをしたことがない彼女たちにやる気を持たせ、一つひとつ世の中の仕組みを教えていくのは根気がいることだ。並大抵の仕事ではないが、スルシィを設立して10年、「あなたならできるから大丈夫」と相手を信頼し、待つことも大切ということを学んだ。

注意をしても何度も同じことを繰り返してしまう編み子さんたちに対して、「まったくもう！」と小言を言うこともある。「しっかりしてくれ！」と思うことは、今でもしょっちゅうだ。でも、私が日本にいても現場が回っていくのだから、これ以上、何を望むことがあるのだろうか。

とくに2人のマネージャー、Ｅｌｉｓａ（エリーサ）とＥｍ－ｅｍ（エムエム）を見ていると、自信を得ることで人はこんなにも生き生きし、人生を切り拓いていけるのだということを実感する。

エリーサは最初、学校を出ていないことや英語が話せないことを恥ずかしく思っていた。だが、今では彼女の明るいキャラクターで編み子さんたちを率先してまとめている。私とは普通に英語でやりとりができるようになった。

エムエムには、現地におけるスルシィの業務のほとんどを任せているので、時には私と編み子さんの板挟みになることもあるかもしれない。私自身、無理難題を振ることもある。しかし、彼女は常に前向きで、何でもトライしてくれるので、そういうところも買っている。

エリーサの下の息子は学校でも優秀で、踊りも上手い（笑）。エムエムの娘、キヤもしかりだ。ついこの間生まれたばかりと思っていたのに、今では学年に1クラスしかない成績優秀な子たちの選抜クラス・サイエンスクラスに在籍している。

編み子さんたちには、スルシィで働いて嬉しかったこと、自慢したいことを、次の世代につなげていってくれたら経営者冥利に尽きる。そして、子どもたちは親の働く姿を見て、羽ばたいていってくれることを期待したい。

誰ひとり知り合いがいなかったフィリピンのセブ島に工房を構えて早や10年。国民性がまったく異なるフィリピンの地で、フィリピン人たちと、なぜビジネスが続けられているのだろうか、とふと考えてみることがある。

私は、「さりげない日常のなかで小さな幸せをたくさん見つけられる人が人生を豊かに送れる人である」という持論を持っている。その幸せを見つける才能、つまり、どんな状況でも笑顔で乗り切る明るさや、たのもしさをフィリピン人は持っているのではないだろうか。自分が「幸せ」と思えることが一番大切であることを、自覚せずに実践しているのがフィリピン人の女性たちではないだろうか。

毎日がギリギリの生活でも、彼女たちの暮らしは決して不幸せには見えない。少なくとも私の目には、宗教や家族など、大切にしているものが明確にあり、心が満たされた幸せな日々を送っているように見えるのである。

これは、エムエムが自身のお母さんの誕生日にSNSに投稿したメッセージだ。

「ママ、お誕生日おめでとう。ママ大好き。いつもありがとう。I love you so much. ♡」

そこには溢れんばかりの愛情がある。こんな投稿を見たらどんなお母さんでも嬉しいに決まっている。お母さんも幸せだろうなといつも思う。

フィリピン人は優しい。そういう人たちがたくさんいる場所に身を置き、一緒に仕事をすることが、私にとっての心地よさなのかもしれない。何度言っても同じミスを繰り返し、「もう！」と呆れ返ることも多いけれど、それでも「まぁいいか、仕方ないか」と思わせてしまう彼女たちのキャラクターもすごいが、ある意味、テキトーな私自身の性分にはフィリピンが合っているのかもしれない。

そして、競わない生き方、と言ったらいいのか、案外、細かいことを気にしない人は幸せなのかもしれない。みんなから元気をもらっているのは私のほうなのかもしれないと、今、改めて思う。

ありがとう。

スルシィの
10周年に寄せて

タナカキヨミ

株式会社ヒス・ハイコンセプト　代表取締役

私が関谷里美と出会ったのは、大学の入試をひかえ、美大の受験前の実技の研修に参加した時のことでした。宿泊施設として用意されていた大学の寮で偶然にも同室となり、1週間を過ごしました。あっという間に子ども時代からの友人のように波長があいました。

それから、50年。


彼女の生き方には、彼女自身の才能が大きく寄与しているように思います。

アイデアウーマンであり、実践的であり、類い稀な猫好きでした。

何より彼女の才能が今につながっていると思えるのは、彼女が魔法の手を持っていたことです。

ひらめいたモノを「かぎ針」と「糸」で、あっという間にカタチにしてしまう。

大学を出たてで、ニットのブランドを友人と立ち上げた時もその行動力に感嘆したものです。

そうかと思えば、恋人とロンドンに留学したり。30代には「猫の輸入雑貨店」を開店したり。

凡人には予測不能な、研ぎ澄まされた直感を生まれつきもっている。

奇想天外ともいえる生き方をする、それが関谷里美です。


そんな里美がまたもや、これだ！ とひらめいて起業した「スルシィ」もフィリピンの貧しい女性たちの暮らしを支え続けて10年。

彼女の挑戦はとどまるところを知りません。

人生100年時代を、彼女こそ体現しているように感じます。

70歳になろうとしているとは思えない瑞々しい魂。

観念に捉われない、怖れを知らない精神。

「スルシィ」の財産は、ご両親から惜しげなく愛された彼女の根底に培われている“人を信じる力”だと思います。

これからも、関谷里美はフィリピン女性たちのゴッドマザーであり続けることでしょう。

応援していますよ、里美さん。

Profile

女性のための商品ブランディング・コンサルティングを手がける。著書『My son / マイ サン』
URL: https://hys-hiconcept.com/

染谷 玲子（そめたに・れいこ／そめ）

リゾートダイバー

里美さんの愛称はごん！　出会いは卒業制作で編み物を選択し、言葉を交わした半世紀前。ごんはかぎ針編みの素晴らしいウェディングドレスを作ると宣言し、なんて女の子らしい人だろうとその時に持った私の印象を後日くつがえし今があります。ちなみに私の卒業制作は舞台衣装でしたが、また私もその道には進みませんでした。

お互い共通した強い想いは、1本の糸に魅せられ、何より糸の持つ限りない想像の世界に出会えるように、これからの自分の未来を重ね合わせていたのかもしれません。

数年後、2人で念願のブランドbacuを立ち上げました。私たちの夢を食べる獏、悪夢を食べると知ったのは織りネームができあがってからのことでした。スルシィの原点がいつなのかごんに訊ねたことはありませんが、もうこの時に今に続く道を歩き始めていたような気がします。

作った織りネームを使い切らぬままごんはイギリスへ、私はフランスへと渡り、ある年の大晦日、ロンドンからパリに来たごんは日本食を口にしなかった私に“お餅とお醤油がないお正月なんて！”と、今では懐かしい思い出を作ってくれました。

スルシィを立ち上げたと知ったのは随分と後になってからのこと。私はリゾートダイバーで、潜りに行った中でも魚影が濃い海を持つセブ島で、ラフィアのバッグ作りを始めたと知った時はごんの身を心から案じてしまいました。深海を潜るより危険な陸地を単車の後ろに乗り、現地の編み子さんを指導していると話すごんは、たくましくさえ感じました。

ラフィアは椰子の葉〜セブ島の太陽を浴び風に吹かれ強く1本の糸になり、その糸が暮らしの糧になり、彼女たちの夢や希望に形を変えていく魔法のようなスルシィ！　頑張ってごん！

Profile

女子美卒業後ニットデザイナー、渡仏。
帰国後ニットデザイナー、スタイリスト、タピスリー制作等

土器 典美（どき・よしみ）

ギャラリーオーナー

里美さんと出会ったのは70年代中頃のロンドンだった。

まだ外国に暮らす日本人が少ない頃で私たちはすぐに仲良くなって、公園で遊んだりお互いのフラットの狭い部屋でお茶を飲んだりの付き合いが始まった。

里美さんが元々ニットの仕事をしていて編み物が得意だという話もお茶の合間に聞いた。イギリスには日本にはないような上等な毛糸がたくさんあって魅了されていた私は里美さんに編み物を習い始めた。教えてもらいながら何枚もセーターを編んだ。おかげで私の腕もメキメキ上達して人から褒められるセーターを編めるようになった。自分で編んだセーターを着て寒い街を得意げに歩いたことはイギリスの楽しい思い出のひとつ。


日本に戻ってからもつかず離れずの付き合いが続き半世紀近くになる。

久しぶりに会って「セブ島で現地の女性たちに編み物を教えてるのよ」と聞いた時には、彼女らしいなぁと思わず笑った。

里美さんは大げさな決意なく飄々と軽やかに行動を起こすしなやかな強さを持っていると思う。ロンドンに暮らし、ギリシャにも暮らし、そしてフィリピン。気になったらふっと風に乗るように出かけてしまっている。


そして私に編み物を教えてくれたようにセブ島で女性たちに編み物を教え、それが彼女たちの楽しみになり仕事になり喜びになっていることはなんて素晴らしいことだろう。

スルシィの継続にもきっと大変なことはいくつもありそうだけど持ち前のしなやかさで乗り越えて、単にバッグの制作だけではなく人が生きていく上での希望や幸せまで生み出している里美さんの力には、ほんとうに驚かされっ放しだ。


これからもステキなアイデアを思いついて軽々と難問題も解決して楽しみながら仕事をしていくのだと思う。そんな里美さんにエールを送り続けたいと思う。

Profile

セツモードセミナー卒業後渡英。アンティークバイヤーとして6年間イギリス滞在後1980年より南青山にてアンティーク店を経営。2001年から新たにギャラリーとして「DEE'S HALL」を始める。

佐藤 ひろこ(さとう・ひろこ)

セブポット　代表取締役

関谷さんから一通のメールが届いたのは2010年。
フェアトレードに興味があり、観光でセブに行った際にアバカのバックを見て、自分のデザインや技術を用いたバックを日本でも販売して、仕事のない人々の助けになりたい。

セブに18年住みメディアを運営し、日々多くの方のセブでのビジネス相談を受けている私にとって、この手の内容は「よくある」類のものでした。「女性たちの自立を支援したい」という方は少なくありません。多くの方が、恵まれない環境にあるコミュニティーをサポートしたいと思い、でも、やってみると日本では考えられない問題や、難しさに直面して、道半ばで諦めていく。相談のメールをいただいた後、当時のフェアトレード協会の会長を紹介させてもらったものの、日本をベースに活動されている関谷さんの未来に待っているだろう苦難と苦労は想像できて、きっと続かないだろうな。と思ったのが正直なところでした。

海外のしかも学歴の低い田舎の人たちと事業を立ち上げるというのは、並大抵のことではありません。出会う人に恵まれたり、運やタイミングだってあると思う。でも、ここまで継続そして発展していくには、この本には書ききれないほどの山や谷を越えてくるバイタリティーと粘り強さと、愛情があったからに他なりません。

スルシィのおかげで自分の居場所と、生活の糧を見つけることができた編み子さんたちにとって、スルシィはまさに彼女たちの人生の一部であり希望となっていることと思います。きっとこれからもびっくりするような問題にぶつかることもあると思いますが(笑)、関谷さんなら大丈夫。フィリピン人の底抜けの明るさと、人柄と、笑顔とともに、これからもスルシィが飛躍することを心から願っています！

Profile

大学時代に約30カ国を旅し、2004年に来比。ウェブとマガジンSNSを使った、セブ島唯一の総合メディア「セブポット」を創業。会社設立・不動産・ビザ取得などのサービスを提供する「The Hatena Solutions Inc.」、ホールディング会社「Cou.A Investment Holding Inc.」の3社を運営。多くの日本人のセブ島起業進出、海外移住・親子移住のサポートも行っている。講演など多数。

鮫島 弘子（さめじま・ひろこ）

株式会社 andu amet　代表／デザイナー

私が関谷さんと出会ったのは10年近く前、何かのイベントがきっかけだったと記憶している。同時期に、関谷さんはフィリピンでラフィアを使い、私はエチオピアでレザーを使ってバッグのブランドを立ち上げた。

当時はエシカルファッションという言葉はまだ今ほど浸透しておらず、私たちがやりたいことを理解してくれる人は少なかった。現地に自社工房を作る人も少なくて、関谷さんは人生の大先輩ではあったが、最初からお互いに共感、尊敬し合える部分があったのだと思う。「こんなことがあったよ。こういう時はどうしてる？」など、同じような経験や苦労をした人にしかわからないことを相談したり、アドバイスし合ったりしながら、あっという間に10年の月日が流れた。

関谷さんの印象は出会った頃から変わらない。一般的にはリタイアする年齢間近で新たに起業し、活動を続けている姿が本当にカッコいい。いくつになっても好きなことをして、人の役にも立って、自立している。私も関谷さんの年齢になった時、あんな素敵な女性になっていたい。関谷さんにそう伝えると、「年寄り扱いするな」と怒られるのだが(笑)。

数年前、カルカルにあるスルシィの工房を訪ねたことがある。工房では編み子さんたちが楽しそうに、幸せそうに、いきいきと働いていた。暑いけど心地いい風が吹く屋外で、笑顔でおしゃべりしながら仕事をしている様子を見て、なんて気持ちのいい素敵な空間なんだろうと思った。関谷さんが編み子さんたちとともに作り上げてきたスルシィの空気感だ。ここから、あの素敵なバッグの数々が生み出されているのだなと、妙に納得したことを覚えている。

私はスルシィが大好きだ。あの気持ちのいい空間で、関谷さんを大好きな編み子さんたちが、ひと目ひと目、丁寧にバッグを編む。今のスルシィのスタイルのまま、これからも素敵なバッグを作り続けてほしいと心から思う。

Profile

2012年、リュクスｘエシカルなレザーブランド andu ametを設立。2019年、表参道にコンセプトストアオープン。現在はエチオピアをベースに、アフリカ各国を飛び回る日々。
https://www.anduamet.com/

吉田 彩子（よしだ・あやこ）

株式会社蒔いて　代表

関谷さんは年齢について話すのが大嫌い。それでも、時々私はふと思ってしまう。頻繁な海外出張、店頭販売、あらゆる業務の数々、そしてバレエ教室にウクレレクラス、いつ行ってもスッキリ整っているご自宅に、作り置きのおかずの品々。いったいどうやってやってのけているのだろうか、と。

関谷さんとの出会いは8年以上前。デザイナーを匂わせる、全身黒のワンピースに赤いアクセントカラーのピアスとリング。展示会や百貨店催事で一緒になるうちに、関谷さんの内から滲み出る意志の強さと行動力を、ひしひしと感じるようになった。

台湾で展示会に出展するため、一緒に1週間アパートを借りて共同生活をしたことがある。毎朝一番に、セブ工房のスタッフとまるで親子のようにメッセージのやりとりをしている姿。今思えば、編み子さんたちが何でも相談できる関係で、どんな些細なことでも丁寧に話を聞き、指導をしている日々の姿だったのだと思う。

一番印象深かったのは、同期で採択された東京都の女性ベンチャー成長促進プログラムでのこと。これまでお互いの事業のことは大体わかっていたものの、包み隠さず話すようになったり、本音で考えを伝えたりするようになったのはこの時。新しいことを吸収しながら、陰ではコツコツとプレゼンテーションの練習を重ねていた関谷さん。そしてシンガポールでのビジネスピッチでも、スルシィは世界の多くの人に感動を与えられる取り組みであるということが傍から見ていてもわかり、とても感動したのを覚えている。

10周年、おめでとうございます。益々の発展をお祈りしています。
愛に溢れるスルシィの姿を、これからも見続けられますように。

Profile

2013年、アルパカニットブランド MAITEを立ち上げる。ペルーのアルパカ素材を中心に、天然素材の力が最大限発揮される衣服作りを、ペルーと日本の小規模工場や職人と行う。2019年から、スルシィのバックオフィス業務の一部も担っている。
https://maite-japan.com/

星野 芳昭（ほしの・よしあき）

株式会社スターガバナンス　代表取締役／経営開発プロデューサー

関谷里美さんとは2014年、起業家を応援する交流会でお会いしました。起業家には起業の動機を自分自身の自己実現と捉える人が多いですが、関谷さんの動機は、偶然セブ島のお土産屋さんで見つけたカゴからの連想、女性が手に職を持ち、働きがいと所得を確保して、子どもたちに教育を受けさせてあげたいという素朴な問題意識にあることが強く印象に残りました。

翌年の2015年9月に国連でSDGsが提唱され、日本でも地方自治体や上場企業において相次いでSDGsと自社の目標を関連づける取り組みが行われました。そんな中でスルシィの取り組みこそがSDGsに直結するのではないかと考え、2018年3月にスルシィSDGs関連プロジェクトチームを結成し、4月にはメンバーと初めてのセブ島のカルカル市訪問が実現しました。

工房で初めて数十人の編み子さんとお会いしましたが、みなさん笑顔で楽しそうに協力し合ってラフィアバッグを作る姿を目にして、関谷さんが思い描いていたスルシィの存在意義（パーパス）はここにあるのだなと認識を新たにしました。

さらに地元の刑務所を訪問し、女性受刑者が真剣にかぎ針を使って編み物を学び、出所後の社会復帰に向けて努力をしている姿を間近で観て衝撃を受けました。こうした活動が2019年3月に国連のBCtA（ビジネス行動要請）に認められました。その後も2回ほど日本からの応援団を派遣し、さらに日本発の商品企画とリリースを展開しています。

SDGsは2030年を目標年にしています。ちょうどスルシィ設立20周年と重なりますが、関谷さんの共感の環をさらに拡げて行きましょう！　いまだ折り返し地点ではありませんか。

Profile

大手コンサルティング会社を経て独立。スタートアップ企業の経営参画から上場企業のガバナンスやリスクマネジメントなど、幅広く課題解決と人財開発に取り組む。また政府や自治体の政策評価にも長年携わる。

https://www.stargovernance.net/

宮岡 亨（みやおか・とおる）

株式会社トオル・スタジオ　代表取締役

動画制作で、2017年12月よりこれまで4回、セブ島のスルシィ工房に行かせていただきました。ラフィア糸作り、バッグ制作、編み子さんのお宅訪問、スルシィ最大イベントであるクリスマスパーティー、ファッションショー、そしてカルカル市刑務所内でのバッグ制作の様子など、多くの場面を体感し動画を作ることができました。
その経験は私の長年の動画制作の中でも、とても貴重なものとなっています。

ラフィア糸作りやバッグ制作には、40〜50人もの人々が(ほとんど女性)関わっており、そこには笑顔のチームワークが見られます。編み子さんと関谷さんには深い信頼関係があり、編み子さんのデザインセンスや技術の進歩にも素晴らしいものがあります。

クリスマスパーティーやファッションショーは、準備や進行が手作りで和気あいあい。
編み子さんの旦那さんや子どもたちも参加する、まさにスルシィファミリーです。
編み子さんたちのお宅の家電製品や外壁などが、訪問するたびに充実しきれいになっているのを見ると、バッグ制作がスルシィで働く女性たちを豊かにしていることが感じられます。

動画では、関谷さんの発想と努力の積み重ねによって培われた、スルシィのありのままを見ることができます。実の母親以上に関谷さんを慕う編み子さんたちの笑顔は、まさに10年間の積み重ねでしょう。

関谷さん、あなたの発想と行動力、お人柄で「1本のかぎ針でフィリピンの女性たちの未来を切り拓く」しちゃいましたね！
今後もセブ島の編み子さんたち、そして世界中のお客さまたちをもっと笑顔にしてください。

ますますのご発展をお祈りいたします。
新しくなった工房にまた行きたいなぁ〜。

Profile

世界各地と大海原でドキュメンタリー、CMなどの撮影をしてきました。ドラマ、ニュース、舞台、講演、イベント、クロマキー、スチール撮影などなど、幅広く撮影・制作しています。近年はYouTube動画制作、ライブ配信が増えています。世の中のお役に立つ映像制作がモットーです。
http://www.toru-studio.com/

Elisa（エリーサ）

Sulci Handicrafts Trading／Brand manager

My name is Elisa. I joined Sulci back in 2011. I started my crochet training, because I could get money just by making bags, but it soon became my passion.

For a while, I was a crochet trainer for female detainees in Carcar City Jail. I trained our new hires, and I took care of the raw materials. Gradually, my responsibilities grew and I became in charge of HR and the welfare of crocheters. Now I am mainly doing order assignments and quality control. I can take responsibility for my work.

At the beginning, I could not believe in myself for accomplishing such an important job. It only worked out thanks to Ma'am Satomi who watched over me patiently without giving up. I am truly grateful for the opportunity that was given to me. And I appreciate how this company changed my life.

Ma'am Satomi sometimes scolds us when we don't do our job properly, but when she does, she does sincerely and with greater love. She makes jokes and often laughs with us. I can feel she cares about us and supports us to be happier and more independent. She treats us like a big family and makes our work environment a comfortable place.

For 10 years, Sulci has helped many lives. Not only the crocheters, but also our locals in Bohol, who supply the raw materials. In return, we do our best to help the company keep growing and continue to give more opportunities to everyone.

I am truly blessed and thankful to Ma'am Satomi for bringing Sulci to our place Carcar. I hope to help the company grow by doing my job, keeping the quality of our bags reliable. All the crocheters love Sulci. I would like to continue working happily together with Ma'am Satomi. Cheers for 10 years of Sulci, and for at least 10 more to come!

スルシィの10周年に寄せて

私はエリーサといいます。2011年にスルシィで働き始めました。はじめは、バッグを作れば収入が得られるということでトレーニングに参加しましたが、それはすぐに私のパッションになりました。

私はしばらく、カルカルシティの刑務所に収監されている女性たちの編み物指導を担当し、さらに新人のトレーニングや原材料の管理をしていました。それから徐々に、編み子さんの人事や福利の責任者となり、今は主に受注対応と品質管理を担い、責任を持って仕事をしています。

はじめは、このような責任のある仕事がこなせるか自信を持てずにいました。マーム・サトミが諦めずに辛抱強く私を見守ってくれなければ、成り立っていなかったと思います。このようなやりがいのある仕事ができていることを、本当にありがたく思います。そして、スルシィが私の人生を変えてくれたことにも感謝しています。

マーム・サトミは、仕事をきちんとしないと時々私たちを叱ることがありますが、彼女は誠意と大きな愛情をもって叱ります。彼女はよく冗談を言ったり、私たちと笑ったりします。彼女は私たちのことを本当に気にかけていて、私たちをより幸せに、そして自立できるようにとサポートしてくれているのが伝わってきます。彼女は私たちがひとつの大きな家族であるように接し、働きやすい環境を作ってくれます。

これまでの10年間、スルシィは多くの人たちの生活を手助けしてきました、編み子さんたちだけではなく、原材料を供給するボホール島の人たちの生活もです。私たちはそのお返しとして、スルシィが成長し、あらゆる人により多くの機会を与え続けられるように、全力を尽くしたいと思っています。

私たちの街、カルカルでスルシィを始めてくれてありがとうございます。私は最高のバッグを作りながら、仕事をすることでスルシィの力になれるよう頑張ります。編み子さん全員、スルシィが大好きです。これからもマーム・サトミと一緒に楽しく仕事が続けられることを願っています。スルシィ10年のお祝いに、そして少なくともまたあと10年、スルシィの未来に乾杯！

*スルシィの編み子さんはみな、親しみを込めてマーム（マダムの意）・サトミと呼ぶ。

Em-em（エムエム）

Sulci Handicrafts Trading／Executive Director

My name is Jemima T. Alcoseba, also known as "Em-em". I first knew about Sulci when they conducted free training for 5 days in Carcar Central Elementary School in 2011 where I met Ma'am Satomi Sekiya.

We benefitted from Sulci's free 1 year training program. One of the advantages of joining Sulci training was that there were no expenses at all. The materials, food, transportation fee, snacks and more were all provided free of charge. You could even earn money if you finish the bag you are taught how to make in the training.

Before I joined Sulci training I was a normal housewife. I had worked as a crocheter for about a year before I was promoted to quality control, stayed in this position for 4 years, then I was promoted again to Executive Director, which is my current position.

At the beginning, I didn't think I would be able to do such a high responsible job. It's not easy handling over 50 crocheters and I often told Ma'am Satomi that maybe I can't handle such a responsibility, given that I don't have any degree, and I had no experience in a business, but she always trusted me.

This really has changed my life, because I can now contribute financially to my family, and to be able to buy our daily needs. Some of our crocheters can finally renovate their house, or pay tuition fees for their kids, etc. It's especially good for housewives, because we can work from home while we take care of our family and do chores, which is something rare here.

I am so thankful to Ma'am Satomi for watching over me patiently without giving up, and giving me an opportunity to do such a rewarding job. Also all crocheters love Sulci and Ma'am Satomi because it does make big changes in their lives.

Ma'am Satomi is a very good designer. She is very approachable, loving and caring to us. She is a bridge for women in need.

I want to continue our work in Sulci, because Sulci is already a part of my life. Sulci is my second family, we are working happily together. I hope that Sulci Handicrafts Trading grows strong for many more years, continues to help more people in need.

スルシィの10周年に寄せて

私の名前はジェミーマ T. アルコセバ、ニックネームはエムエムです。私がスルシィを知ったのは2011年、カルカルセントラル小学校で5日間の無料トレーニングが開催された時でした。そしてそれがマーム・サトミセキヤとの出会いでした。

私たちが受けたスルシィの1年間のトレーニングには、大きなメリットがあり、材料費、お昼代、交通費、おやつなど一切の費用負担がなく、バッグを完成させると工賃が貰えたことです。

トレーニングに参加する前は、専業主婦でした。編み子さんとして約1年働いた後、4年間品質管理担当を務め、その後ステップアップしエグゼクティブディレクターになり今に至ります。

はじめは、自分がこのような責任のある立場につくだろうなどとは想像もしていませんでした。50人以上の編み子さんをまとめるのは簡単なことではありません。マーム・サトミにも「私は大学を卒業していないし、ビジネスの経験もない。これらの責任を負うことなんてできないと思う」と伝えましたが、彼女はいつも私の可能性を信じてくれました。

スルシィは、本当に私の人生を変えてくれました。仕事は家族の支えとなり、日々生活に必要なものを購入することができ、また、編み子さんの中には家を修繕したり、子どもの教育費に役立てている人もいます。とくに主婦たちにとって家族の世話や家事をしながらできる仕事は本当に貴重です。

マーム・サトミには本当に感謝しています。やりがいのある仕事を任せてくれ、私を根気よく見守ってくれています。また、編み子さんたちもみな、人生に大きな変化をもたらしてくれるスルシィとマーム・サトミを愛しています。

マーム・サトミは素晴らしいデザイナーだけではなく、親しみやすく、やさしく、私たちのことを気にかけてくれます。そして彼女は、助けを必要としている女性たちの橋渡しとなっています。

スルシィはすでに人生の一部なので、私はこれからもスルシィで仕事を続けたいと思っています。スルシィは私の第2の家族でもあり、みんなと一緒に働けるのは幸せです。Sulci Handicrafts Tradingがもっと成長し、さらに多くの助けを必要とする人たちに手を差しのべられるようになることを願っています。

*スルシィの編み子さんはみな、親しみを込めてマーム（マダムの意）・サトミと呼ぶ。

おわりに

スルシィはフィリピンの女性たちと、編むことから始まりました。
仕組みも10年でだいぶ整ってきました。

そして、今までたくさんの方に出会い、たくさんの力を借りながら前に進むことができました。誰ひとり欠けても今の自分、スルシィはなかった、と感謝の気持ちもたくさんです。
ありがとうございます。

これからの10年を考えてみました。
考えてその通りになることはめったにないのですが、ただワクワクすることは想像しても楽しいものです。

「編むということ」は「生きる力」。

スルシィの「編むということ」を発展させ、モード的な世界に足を踏み入れても面白いのではないか。モード的な軸を持つということが、ブランドとしての領域をさらに広げるのではないか。ラフィアに差し色としてのスパイスをふりかけたなら、もっと厚みがでて世界に羽ばたけるのではないか。

そのスパイスを探しに友人を巻き込んで、人生の旅をしてみようと、今、考えています。

好奇心に満ちたことを考えるのは、相も変わらずです。

これからの10年もわたしらしく、改めて誰かのために生きていけたら、こんな幸せなことはないと思っています。

関谷　里美

著者

関谷 里美（せきや・さとみ）

株式会社スルシィ代表取締役、バッグデザイナー

女子美術大学短期大学部卒業後、イギリス・ギリシャへの語学留学を皮切りに、旅した国は40カ国を超える。1984年、東京・青山で輸入雑貨店「CAT HOUSE」をオープン。猫グッズや輸入雑貨ブームに乗りマスコミでも話題になる。2010年、CAT HOUSEを閉店。その後、リフレッシュのために訪れたフィリピン・セブ島の旅行中に民芸品のカゴと出会いフェアトレード事業構想へ発展。足掛け2年をかけセブ島の女性にかぎ針での手編み技術指導を行う。2011年11月、株式会社スルシィを設立し、現地自社工房では50人の編み子さんが働く。国内大手百貨店、ECサイトでの販売にとどまらず海外にも販路を拡大。日本とフィリピンを行き来している。著書に『猫のベンジャミンのイギリスだより』（2006年／集英社）、『ラフィア風糸で編む夏バッグ』（2014年／マガジンランド）がある。

https://www.sulci.co.jp/

編むということ

2021年12月25日［初版第1刷発行］

著　　者　関谷 里美
発 行 所　株式会社カナリアコミュニケーションズ
〒141-0031 東京都品川区西五反田1丁目-17-1
第2東栄ビル 701号室
TEL 03-5436-9701　FAX 03-3491-9699
http://www.canaria-book.com
印　　刷　株式会社クリード
装丁デザイン　TRYAD.　https://tryad.work/

ISBN978-4-7782-0485-3　C0034

カナリアコミュニケーションズの書籍のご案内

2021年11月26日発刊
1200円（税抜）
ISDN978-4-7782-0481-5

しあわせのかくれんぼ 2
ゼルノシア王国の謎
〜エピソード1 ゼファーの襲来〜

岩根 央／ねもと まこ　著

「しあわせのかくれんぼ」第2弾！

文部科学省小学校外国語教材WeCan!掲載のねもとまこと、アーティストプロデューサーの岩根央が贈る心あたたまる冒険物語。

『ゼルノシア王国の謎』では、たたと離ればなれになったぽぽが、たたを探すために辛い状況に悲しみ、くじけそうになりながらも前を向いて突き進んでいきます。

2019年2月15日発刊
1200円（税抜）
ISDN978-4-7782-0446-4

しあわせのかくれんぼ

岩根 央／ねもと まこ　著

文部科学省小学校外国語教材WeCan！掲載のねもとまこが描く心あたたまる世界。

思わず誰かにプレゼントしたくなる心の底からホッとする、お守りのような1冊。

知的な世界観で惹きつける魔法の力を、ぜひ、お子さまも大人の方も感じてみてください。きっと不思議な力に癒されるはずです。

カナリアコミュニケーションズの書籍のご案内

2021年10月19日発刊
1500円（税抜）
ISDN978-4-7782-0479-2

人生 100歳 シニアよ、新デジタル時代を共に生きよう！

牧 壮　著

「2021年デジタル社会推進賞　デジタル大臣賞銀賞」を受賞した著者が記す、「シニアとデジタルをつなぐ本」。

この本はITの専門書ではありません。ITが苦手でデジタルになかなかなじめない方、特に苦手ではないけれど何かあったらどうしようかと心配な方に対して、シニアが、シニア目線で、シニアのために、との思いで書いた1冊です。

2021年9月30日発刊
1500円（税抜）
ISDN978-4-7782-0480-8

そのミス9割がヒューマンエラー

大野 晴己　著

「犯人さがし」をやめると「組織」が育つ！
ヒューマンエラーの種類を知って、「ミス」を防ぐ。
行動パターンから原因の対処法までをわかりやすく解説した1冊。
この本で、ミス防止のキッカケがつかめる！

カナリアコミュニケーションズの書籍のご案内

2021年9月17日発刊
1600円(税抜)
ISDN978-4-7782-0478-5

儲けるから儲かるへ

近藤 典彦　著

この子たちの未来のために何ができるのか?
困難に立ち向かう経営に必要なのは
失敗を恐れない行動力と
行動を裏打ちする理念とビジョンだ。
静脈産業の旗手による新しい時代への提言!

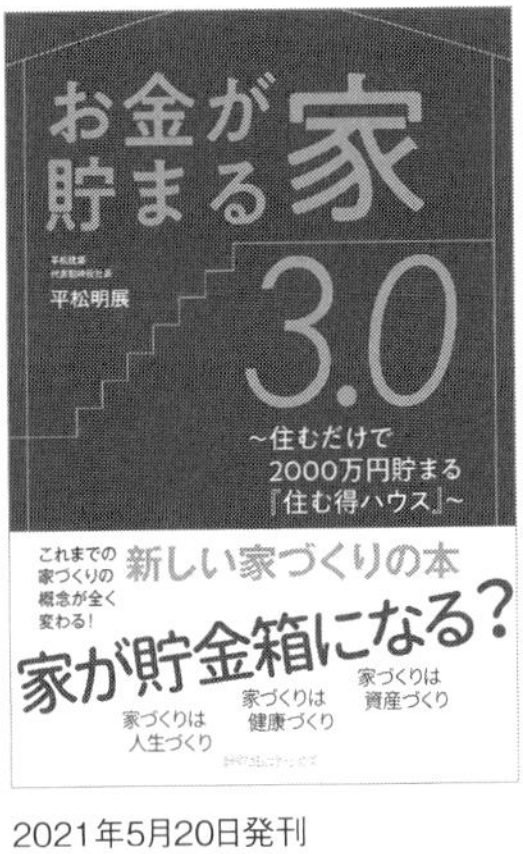

2021年5月20日発刊
1500円(税抜)
ISDN978-4-7782-0475-4

お金が貯まる家 3.0

平松 明展　著

これまでの家づくりの概念がまったく変わる新しい家づくりの本。

著者は、「ただ漠然と家を建てるのではなく、住むことで健康になる、さらには資産形成もできる」家づくりを提案しています。

使い捨ての家づくりではなく、住む人が幸せになる新しい家づくりを提案する、これから家を建てたいと考えている人に必携の1冊です。

カナリアコミュニケーションズの書籍のご案内

2021年3月20日発刊
1500円（税抜）
ISDN978-4-7782-0473-0

デバイス・アズ・ア・サービス

松尾 太輔　著

「Device as a Service（DaaS　デバイス アズ ア サービス）」をご存知でしょうか？

本書は企業のPC運用の概念を変えるこのサービスをわかりやすく解説。

DaaSの第一人者が企業のPC運用の新しい未来を提言します。

2021年2月28日発刊
1500円（税抜）
ISDN978-4-7782-0472-3

起業するなら「農業」をすすめる30の理由

鎌田 佳秋　著

これは自叙伝ではありません。

農業に関わるみなさまに、「着実に利益を積み上げる手法」を水平展開していくアグリハックの提案の本です。

どのように収益モデルを構築すればいいのか、どうしたら一般的な会社員のように安定し、より多く稼げるようになるのかについて書かれています。

つまり農業技術書でもないのです。

アグリハックのメッセージは「農家はメーカー」であるということです　。常にマーケットを意識しながら、コストの削減や栽培プロセスの最適化を目指していくのです。

農業経営の指南書といえる1冊です。

カナリアコミュニケーションズの書籍のご案内

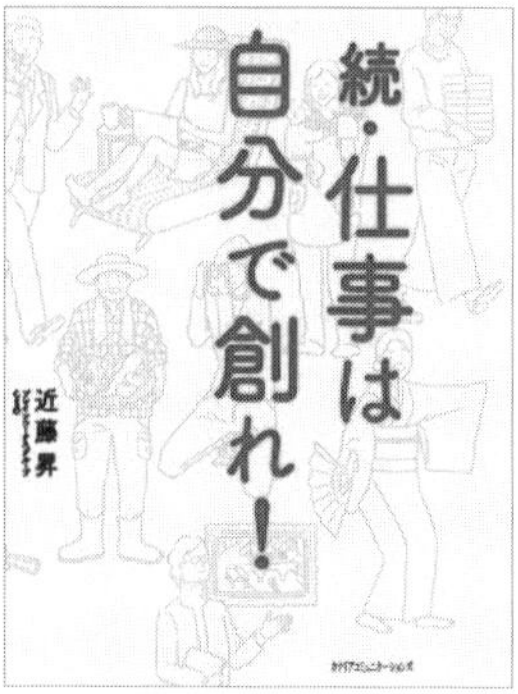

2021年1月15日発刊
1300円(税抜)
ISDN978-4-7782-0471-6

続・仕事は自分で創れ!

ブレインワークスグループ CEO　近藤 昇　著

コロナ禍の真っ只中、ブログを書き続けた著者が問いかける人生論と仕事論の集大成。

描き続けてくることで見えてきた生きることの心理とは?

不安定な時代を生き抜くヒントがここにある!

2020年10月31日発刊
1600円(税抜)
ISDN978-4-7782-0470-9

日本の教育、 海を渡る。
～生きる力を育む「早期起業家教育」と歩んで～

株式会社セルフウィング 代表取締役　平井 由紀子　著

ベトナムのダナンで幼稚園をする!

日本の教育輸出をするために挑戦し続ける著者。

なぜ日本の教育は世界から注目されるのか。

世界が日本へ期待するものを肌で感じ、人材教育に携わっている人たちの生のメッセージがここに結集!

カナリアコミュニケーションズの書籍のご案内

ハノイの熱い日々
―元駐在員ら 26人が語る とっておきのベトナム話

坂場 三男、守部 裕行、那須 明　著

過去30年、首都ハノイに長期駐在・滞在したからこそわかるベトナムのビジネス流儀と人々の生きざまや考え方。

今、共著者26人が合計224年の歳月をかけた経験談と体験談のすべてを語り尽くす、珠玉の証言集!!

2020年1月6日発刊
1600円（税抜）
ISDN978-4-7782-0465-5

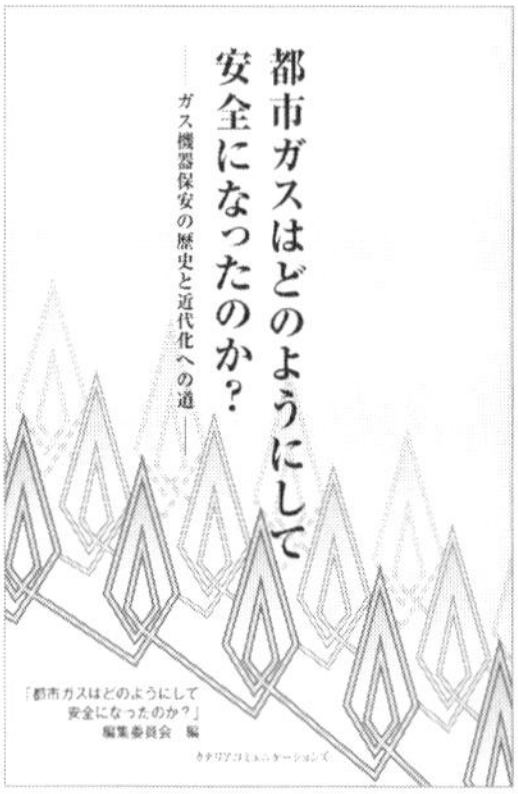

都市ガスはどのようにして安全になったのか？

「都市ガスはどのようにして安全になったのか?」編集委員会　著

明治のガス燈の時代から、大正・昭和にかけて日本人の誰もが使えるようになったガスエネルギー。

しかしガスが生活の道具として普及するにつれ、増えていったのがガス漏れや爆発等による事故だった。

本書は、都市ガス業界で働いてきた者たちがガス機器の安全性を高めるためにどんな対策を講じてきたのかを時系列で記述。

平成の時代には事故数ほぼゼロにまで達した成果を、豊富な図版とともに辿る。

2019年12月20日発刊
1200円（税抜）
ISDN978-4-7782-0463-1